大型调水工程
风险管理与保险

王发廷 著

U0266292

黄河水利出版社
·郑州·

内 容 提 要

本书根据作者多年的调研成果与工作实践体会,结合工程实际成功案例,对大型调水工程施工中存在的风险,尤其是工程质量安全风险进行分析、评估,对工程保险及工程保险费率的确定等专题进行了全面阐述,并对国外有关工程风险管理与工程保险成功经验作了介绍与评价。本书主要内容包括大型调水工程风险与工程保险概述、大型调水工程风险识别、大型调水工程风险评估和保险费率的确定、大型调水工程保险索赔等。本书可供工程管理、设计、监理、施工及保险行业专业技术人员借鉴,也可供工科大专院校师生阅读参考。

图书在版编目(CIP)数据

大型调水工程风险管理与保险/王发廷著. —郑州:黄河水利出版社,2011.12

ISBN 978 - 7 - 5509 - 0159 - 9

Ⅰ.①大… Ⅱ.①王… Ⅲ.①调水工程 - 风险管理②调水工程 - 工程保险 Ⅳ.①TV68②F840.681

中国版本图书馆 CIP 数据核字(2011)第 260429 号

出 版 社:黄河水利出版社

地址:河南省郑州市顺河路黄委会综合楼 14 层　邮政编码:450003

发行单位:黄河水利出版社

发行部电话:0371 -66026940 、66020550 、66028024 、66022620(传真)

E-mail:hhslcbs@126.com

承印单位:河南省瑞光印务股份有限公司

开本:850 mm ×1 168 mm　1/32

印张:4.375　　　　　　　　　　彩插:8

字数:130 千字　　　　　　　　　印数:1—1 500

版次:2011 年 12 月第 1 版　　　　印次:2011 年 12 月第 1 次印刷

定价:15.00 元

南水北调中线工程位置示意图

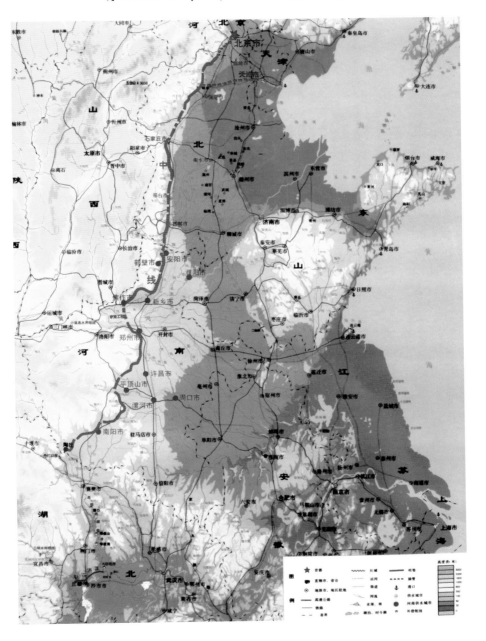

中共中央政治局委员、国务院副总理张德江（左4）2003年任广东省委书记时视察广东东深供水改造工程并与作者（右4）等合影留念

20世纪60年代香港市民排队领水的情况
（《中国水利》供搞）

已建成通水的广东东深供水改造工程旗岭渡槽全貌

已建成通水的广东东深供水改造工程金湖泵站

已建成通水的广东东深供水改造工程金湖渡槽工程

广东东深供水工程采用组合针梁台车进行预应力混凝土圆涵施工

广东东深供水改造工程输水自动控制系统显示屏

已建成的广东东深供水改造工程输水涵洞

已建成的广东东深供水改造工程绿化景观

2008年本书作者（右3）向时任国务院南水北调办公室主任张基尧（左5）汇报南水北调中线京石段山南庄段工程施工情况

2011年，国务院南水北调办公室主任鄂竟平（右1）检查南水北调东线工程济南市区段12标箱涵施工质量　　　　　　　　　　　　　　（张存有　摄）

—渠清水送京华——南水北调中线工程京石段鸟瞰　　　（王志文　摄）

南水北调中线工程天津干线有压输水箱涵混凝土浇筑准备工作紧张有序

（戴其清　摄）

南水北调中线工程京石段干渠输水倒虹吸　　　　　　　　　　（戴其清　摄）

南水北调中线工程京石段天津干线分水口 （戴其清　摄）

南水北调中线工程天津干线有
压输水箱涵施工现场
（戴其清　摄）

工程建设单位、监理单位联合
检查南水北调中线工程天津干
线混凝土输水箱涵工程质量

南水北调中线工程京石段干渠输水倒虹吸钢筋安装现场 （戴其清 摄）

采用布料机施工的南水北调中线工程京石段渠道混凝土护坡工程

已于2008年建成通水的南水北调中线干线京石段渠道工程

施工中的南水北调中线干线沙河U形双向预应力结构渡槽工程

施工中的南水北调中线干线京石段放水河渡槽工程

施工中的南水北调中线天津干线暗埋有压输水混凝土箱涵工程

丹江口水库大坝壮姿 　　　　　　　　　（易滨　摄）

2011年9月，南水北调中线工程引江济汉工程兴隆水利枢纽主体工程泄水闸建设初具规模。 　　　　　　　　　　　（戚建华　龚富华　摄）

南水北调中线工程补偿替代项目，湖北省郧县汉江二桥钢管拱成功吊装合龙，计划2012年5月1日通车

　　　（周家山　摄）

移民村的孩子到了新家，高兴得合不拢嘴　　　　　　　　（杨振辉　摄）

搬迁车队行走在通往移民新村的路上　　　　　　　　　（余培松　摄）

（以上图片除署名的外，均由广东顺水监理公司提供）

前　言

在大型调水工程项目建设实施过程中,存在着各种各样复杂多变的风险。为了确保工程项目的顺利实施和实现工程建设的预期目标,工程保险已经成为国际工程界应用最广泛、最有效的风险控制措施之一。目前,在经济全球化的大背景下,我国保险界和工程界都已认识到工程保险对运用经济手段保障工程建设的顺利进行具有重要意义。保险公司在确定大型调水工程保险方案时,最主要的工作是确定保险费率,而工程保险费率的大小是以工程风险的大小为基础的。本书在述及工程风险和工程保险的同时,重点引入风险评估理论对工程保险费率的确定展开研究,目的是为保险公司与工程建设有关部门确定大型调水工程保险费率提供参考。

作者通过调研,对工程风险因素、风险事故及其影响进行系统识别,提出了大型调水工程主要建筑结构及其分项工程存在的主要风险。在分析国内外工程风险分类方法的基础上,提出了按工程保险的要求进行工程风险分类的方法。在对国内外风险分析评估方法比较的基础上,选择采用层次分析法(AHP法)对各类风险进行分析评估,并按高风险、一般风险和低风险三个等级对工程风险进行评判或评价。在工程风险分析评估中,提出将风险因素可能发生的概率及其可能的损失大小分别量度,并按指数标度,考虑几种可能组合来衡量各项工程风险的大小。对于工程保险费率的确定,采用了以历史工程损失率或工程保险赔付率为基础,并考虑其历史数据的数理统计不稳定系数,按项目所在区域及建筑结构物的易损性确定基本费率,结合具体工程风险大小来调整基本费率的方法。最后,本书还讨论了工程保险费率与免赔额、保险期限之间的关系,结合大型调水工程保险实例,提出了工程保险实践中应注意的问题及建议。同时,对大型工程保险索赔亦作了重点介绍。

应该声明的是,作者在工程风险、工程保险研究方面仅属初学入门者,结合多年来的学习心得和工作体会,在一边工作一边学习的基础上始完成拙著的撰写,成书的全过程都是在导师阮连法研究员的精心指导和亲切关怀下进行的,字里行间凝聚着导师的心血和汗水。阮连法导师严谨治学的态度、平易近人的工作作风、实事求是的处事原则和宽厚待人的高贵品质,都在作者心中留下了深深的烙印,影响着作者今后的人生。在此,谨向阮导师致以衷心的感谢和最诚挚的祝福!

同时,也非常感谢浙江大学建筑工程学院毛义华博士、马纯杰副教授及其他诸位专家在传授知识方面给予的教诲和帮助!

在拙著写作过程中,得到了广东省顺水监理公司席勇、高里、陈永洪和教授级高级工程师宋雅化的大力支持与热情帮助,华安财产保险股份有限公司深圳罗湖部经理马长海、中国人民保险公司广州分公司财产处李建生,亦对本书提出了宝贵的意见和建议。在此,一并对他们表示衷心的感谢和崇高的敬意!

由于作者水平所限,书中难免有不当及错漏之处,恳请专家、学者和广大读者提出宝贵意见。

作 者
2011 年 10 月

目　录

前　言
第一章　绪　论 ································· （1）
　　第一节　我国大型调水工程建设现状及存在的主要问题 ··· （2）
　　第二节　国内外工程风险与工程保险研究综述 ············ （6）
　　第三节　研究工程保险费率的必要性 ················· （8）
　　第四节　主要研究思路和内容安排 ················· （16）
第二章　大型调水工程风险与工程保险概述 ············· （18）
　　第一节　大型调水工程风险的定义及特征 ············ （18）
　　第二节　大型调水工程风险管理概述 ··············· （21）
　　第三节　大型调水工程保险概述 ················· （26）
　　第四节　大型调水工程风险与保险的关系 ············ （32）
第三章　大型调水工程风险识别 ················· （36）
　　第一节　大型调水工程风险的识别方法 ············· （36）
　　第二节　大型调水工程中的风险 ················· （38）
　　第三节　大型调水工程主要建筑结构风险识别 ·········· （41）
　　第四节　大型调水工程保险责任范围内的风险分类 ········ （50）
第四章　大型调水工程风险评估和保险费率的确定 ········· （53）
　　第一节　大型调水工程风险评估概述 ··············· （53）
　　第二节　基于层次分析法的大型调水工程风险评估 ········ （57）
　　第三节　大型调水工程保险费率的确定 ············· （86）
　　第四节　与大型调水工程保险费率有关的几个问题 ······· （96）
第五章　案例——东改供水工程风险评估与
　　　　　工程保险费率的确定 ················· （100）
　　第一节　工程项目概况 ··················· （100）
　　第二节　工程项目风险识别 ················· （101）

第三节　风险评估及保险费率的确定 ·················· （105）

第四节　综合评价 ······························· （115）

第五节　大型调水工程保险实施中的若干建议 ········· （117）

第六章　大型调水工程保险索赔 ···················· （122）

第一节　大型调水工程保险索赔概述 ·············· （122）

第二节　工程保险索赔 ······················· （123）

第七章　结论与展望 ····························· （130）

参考文献 ·································· （134）

第一章 绪 论

随着我国改革开放和社会主义市场经济的不断发展、完善,城市生活用水量和工农业生产用水量不断增加。水环境保护和水生态治理步伐相对滞后以及工农业生产带来的水污染进一步加剧了用水的供需矛盾,调水工程不断增加,调水规模也越来越大。如已于 2002 年开工兴建的"南水北调"工程,总投资约 5 000 亿元,建设周期长达 40~50 年,成为世界调水工程之最。大型调水工程的建设过程是一个周期长、投资大、技术要求高、系统复杂的生产消费过程,所涉及的不确定因素、随机因素和模糊因素大量存在,并且是动态变化的,因此造成的风险损失和投资失控直接威胁着工程项目的顺利实施。已成为国际工程界咨询业惯例的 FIDIC 合同条款中,对工程风险责任的分担和工程保险都有明确规定;2001 年水利部、国家电力公司、国家工商行政管理局联合下发的《关于印发〈水利水电工程施工合同和招标文件示范文本〉的通知》(水建管〔2000〕62 号)中第十条作出明确规定:鉴于水利水电工程建设具有风险大的特征,发包人和承包人均应按《水利水电土建工程施工合同条件》的规定进行保险,以增加抗风险能力;《水利水电土建工程施工合同条件》(GF—2000—0208)中的技术条件 1.14 款中,规定应投保的险种包括:①工程险(包括材料和工程设备);②第三者责任险;③施工设备险;④人身意外伤害险。大型调水工程风险研究和工程保险的推广应用已成为我国工程界和保险界的一种共识。深入研究、发展工程领域的工程风险和工程保险并促进其理论体系建设已势在必行。本书主要研究的是工程风险与工程保险,其中,应用工程风险评估方法,合理确定大型调水工程项目保险方案中的保险费率,亦是作者阐述的重点内容。因为在大型调水工程实施过程中,工程保险方案中的保险费率历来就是保险双方关注的焦点,也是工程项目风险大小和保险责任程度的一种代价或价值体现。

本章从分析我国大型调水工程建设存在的主要问题入手,对国内外工程风险与工程保险进行了研究和评述。在此基础上,进一步论述了对基于风险评估的大型调水工程费率的确定进行研究的必要性,并对开展这项研究的主要思路、研究方法和研究内容提出了作者的见解与建议。

第一节　我国大型调水工程建设现状及存在的主要问题

一、我国大型调水工程建设现状

我国水资源东南多、西北少,地区分布不均。长江流域及长江以南地区,地表水资源占全国的70%,而其耕地面积只占全国的33%,属富水地区;黄河、淮河、海河三大流域和西北内陆河流域的面积占全国的50%,其耕地面积占全国的45%,水资源只占全国的12%,人均水量为全国人均水量的16%～25%,属缺水地区。我国水资源还有另外一个显著特点,就是年降水量在年内、年际分配不均:每年大部分地区7～10月为汛期,降雨量占全年降水量的70%～80%;年际变化也很大。

由于我国水资源存在着地区分布不均,年际、年内变化较大等特点,而社会经济发展需水量不断增加,水污染加剧,因此近年来大型调水工程不断增加。于2002年开工兴建的我国大型调水工程——"南水北调"工程,目前已进入施工与移民的高峰期和实现如期通水的关键时期。"南水北调"工程是缓解我国北方水资源短缺和生态环境恶化状态,促进水资源整体优化配置的重大战略性基础设施。通过东、中、西三条调水线路,长江、淮河、黄河、海河相互连接,形成"四横三纵"大水网格局。调水线路到2050年调水总规模为448亿 m³,其中东线148亿 m³,中线130亿 m³,西线170亿 m³。根据实际情况,三条线路分期实施,建设周期为40～50年。目前,东、中线一期工程的可研阶段总投资2 546亿元。截至2011年5月底,东、中线一期工程累计下达投资1 383.7亿元,工程建设项目累计完成投资971.6亿元,占在建单元工程总投资 2 133.9 亿元的 46%。部分完建项目和生态保护、移民搬迁等工程发挥综合效益,惠及沿线省市人民群众。

我国目前已实施的或正在实施的大型调水工程还有:

"引黄入晋"工程,即山西省万家寨引黄工程,主要解决山西省水资源紧缺的问题。工程分两期实施:一期主要向太原市供水,年引水 6.4 亿 m^3,工程总投资 103 亿元;二期主要向大同、朔州供水,年引水 5.6 亿 m^3,"引黄入晋"一期工程于 2002 年 10 月试通水成功。2011 年 9 月,"引黄入晋"二期工程北干线工程贯通,工程西起万家寨,东到大同,全长 157 km。至此,黄河水连接起了朔州、大同这两个我国重要的煤电能源基地。据山西电视台报道:黄河水流到晋西北可解决 450 万人的生活用水问题,还可满足新增 400 亿元工业产值的需求。以前光靠挖煤的平鲁借机一次开工了十大工业项目,将走向一条转型升级的发展之路。

"引滦入津"工程是中国大型调水工程,于 1983 年 9 月建成。整个工程由取水、输水、蓄水、净水、配水等工程组成。输水总距离为 234 km,年输水量 10 亿 m^3,最大输水能力 60~100 m^3/s。主要工程包括河道整治、进水闸枢纽、提升和加压泵站、平原水库、大型倒虹吸、明渠、暗渠、暗管、净水厂、公路桥,以及农田水利配套、供电、通信工程等。工程缓解了天津市供水困难的问题,改善了水质,减轻了地下水开采强度,使天津市区地面下沉状况趋于稳定。

"引额济乌"工程规划分三期实施。第一期工程为"引额济克"工程,主要包括建设"635"枢纽工程、输水道工程和尾部工程。第二期工程分两个步骤:第一步为"引额济乌"一期工程;第二步是建设喀腊塑克水利枢纽,增加供水能力。第三期工程为建设布尔津河山口水库枢纽,将额尔齐斯河西部布尔津河丰富的水量,通过 166 km 的西水东引干渠调往额尔齐斯河中游,满足额河中游向外流域调水进一步增加的需求。"引额济乌"一期工程利用"引额济克"已建的"635"水利枢纽和 134 km 总干渠引水,新建 420 km 的渠道,以明渠为主,并包括 15 km 长的顶山隧洞和 10.8 km 长、160 m 水头的三个泉倒虹吸,170 km 的沙漠渠道及尾部的调节水库等主要建筑。"引额济乌"一期工程的调水量为 5.6 亿 m³。此水量除解决"引额济乌"一期工程的南干渠生态防护林用水及北疆彩南油田等用水外，还有 4.2 亿 m³ 水供乌鲁木齐经济区用。

"引莫入连"工程，即从莫那河水库引水向大连市供水，输水线全长 114.5 km，设计日供水能力 58 万 t。2000 年 9 月 29 日，"引莫入连"应急工程开工，于 2001 年 5 月正式向大连市供水。

投资 14 亿元的广东省韩江供水枢纽工程于 2002 年 7 月开工并已顺利建成通水。

总投资 17.77 亿元，日供水能力 40 万 t 的呼和浩特引黄供水一期工程于 2002 年 11 月 19 日竣工通水。

为解决长春市水资源危机而兴建的哈达山水利枢纽工程投资 46.9 亿元，于 2004 年开工，2010 年全部完工。

深圳市东部引水供水工程（投资 15 亿元）于 2002 年 12 月正式通水，全长 110 km，主要解决深圳市东部城市生活和工业用水问题。

"引乾济石"工程从陕南引乾佑河水进入西安石岭峪水库，从而加大西安市供水水量。该工程于 2003 年开工建设，工程全线总长 21.86 km，年引水量 4 943 万 m³，总投资 2.01 亿元。

"引江济汉"调水工程已于 2010 年正式开工建设。据科学评估，"南水北调"中线工程从汉江调水以后，汉江下游的水位有 20～50 cm 的变化，对当地的生活、生产和生态造成一定负面影响。因此，国家决定在这一江段投资 100 多亿元实施四项治理工程：从以万计流量的长江开岔引水补偿汉江；修建兴隆水利枢纽进行调蓄；疏浚汉江航道；改造引水闸门。这四项工程可以明显地减少调水影响。

二、我国大型调水工程建设中存在的主要问题

大型调水工程建设规模大，施工周期长，水工建筑物形式多样，结构复杂，输水线路沿几十千米甚至几百千米或超过 1 000 km 分散布置，施工现场环境条件复杂，施工队伍来自四面八方，施工作业内外干扰因素多，诸如征地、拆迁、民扰、社会治安、文物保护等无一不有，工程管理难度大。在调水工程建设中存在来自各方诸多风险因素。改革开

放以来,我国在大量的工程建设管理过程中虽然积累了一定的技术管理经验,但在风险管理方面才刚刚起步,尚存在许多疑难问题。

我国工程管理人员对工程风险的认识严重不足。在作者多年的调研中,了解到有相当一部分工程技术管理人员不知道什么是工程风险,不了解工程风险与工程保险的关系。目前,工程风险管理研究在我国才刚刚起步,风险管理的实施,仅在大型外资工程或国际承包工程中采用,使我国目前已建或在建的调水工程中,对整个调水工程项目风险估计不足,缺乏有效风险管理措施,工程安全质量事故或由自然物质因素,尤其是地质、洪水和设计失误等原因引起的工程财产损失和人员伤亡的事故时有发生,在一定程度上影响工程的工期、质量和调水工程的功能、效益的正常发挥。

大型调水工程建设具有风险大等特征,国家主管部门要求发包人和承包人均应按有关规定进行保险,以增加抗风险能力。然而,在我国已建或在建的大型调水工程中,实施工程保险的只是近几年有外资参与或世界银行贷款的少数工程。直到我国加入世界贸易组织(WTO)前一年的 2000 年,我国工程保险额才仅为同期全社会固定资产投资额的 10%,而这一比例在发达国家已达 90% 以上。2001 年我国建安工程及责任险的总保额为 429 亿元,仅占财产保险额的 2.22%,与国外相比亦相差甚远。

没有工程保险为大型调水工程保驾护航是工程投资严重失控,工程不能按计划投产运行、发挥效益的主要原因之一。调水工程建设在我国计划经济和计划经济向社会主义市场经济过渡期间的工程投资,全部或大部分由国家或地方财政拨付,由于工程建设中的不可预见因素,即风险因素存在的负面影响,使相当一部分工程投资严重失控,导致工程投资超出政府部门批准的设计初步概算,往往采取调整概算,增加政府拨付工程款来实现工程建设目标。但是,随着我国改革开放和加入 WTO,调水工程建设投资多元化发展很快,项目融资方式有了较大改变,银行贷款和企业投资、外商投资占有较大比例。如向香港、深圳供水的东改工程总投资约 47.3 亿元,采用产品支付方式融资,工程投资由四部分组成:①香港政府贷款 25.3 亿元;②深圳市政府借款

6.0亿元;③粤港集团公司向银行贷款5.0亿元;④广东省东深供水总公司自筹资金11.0亿元。调水工程投资的多元化和融资方式的改变,使工程风险管理变得更加重要,如果对风险估计不足,或在工程实施中不加强风险管理,将有可能导致整个项目中断,各投资方的经济损失都将很惨重。工程风险意识,尤其是工程保险意识和风险管理水平落后,已成为制约调水工程进一步发展的重要问题之一。

综上所述,随着我国加入WTO以及在经济全球化大背景下的我国建筑业与国际接轨步伐的加快,在我国建立工程保险制度已迫在眉睫。工程保险业务的上升空间巨大,并已受到国际保险业的关注,工程保险市场将随着国外保险公司的进入而竞争日趋激烈,加快工程保险理论与实践研究是抵御加入WTO后我国工程保险业免受国际同行业激烈竞争冲击的主要措施之一。

第二节　国内外工程风险与工程保险研究综述

人类在几千年前的互助互济行为就体现了早期的风险意识的雏形。随着社会的发展,尤其是20世纪初,世界许多国家面临严重的经济危机时,风险管理日益受到人们的重视。1952年美国学者格拉乐在《费用控制新时期——风险管理》一书中首次提出了较系统的"风险管理"概念。1963年美国出版的《保险手册》刊载了"企业的风险管理"一文,概率论和数理统计的运用,引起了欧美各国的普遍重视,使风险管理从经验管理逐步走向科学风险管理。

随着企业风险愈来愈复杂,风险成本不断提高,风险管理研究首先在企业风险管理方面逐步得到发展。近几年来,美、英、法、德、日等国相继建立了全国性和地区性的风险管理协会。法国从保险界开展风险管理研究;德国重点从风险政策角度进行研究;1983年美国风险与保险管理协会组织世界各国专家、学者,组织讨论并通过了101条风险管理准则,作为各国风险管理的一般准则,使风险管理更科学、更规范。1986年由欧洲11个国家共同成立的欧洲风险研究会将风险研究扩大到国际范围。目前,风险管理已成为全球范围内研究的一个热点管理问题。

已成立 80 多年的国际咨询工程师联合会(FIDIC—— International Federation of Consulting Engineers)是目前国际工程咨询业的权威性行业组织。在工程风险管理和工程保险领域,FIDIC 在吸收大量发达国家工程风险和工程保险的理论与实践的基础上,曾多次组织美国等国家的专家、学者进行专门研究,并成立了由各有关方面代表组成的建设保险和法律委员会,编写了诸如《风险管理手册》、《大型土木工程项目保险》和《职业责任保险入门》等工程风险与保险方面的文献。在这些文献中,对工程建设中可能出现的风险及风险的分配、适当的保险范围以及如何改善经营管理、避免和减少风险进行了分析论证。从业务开展、合同谈判与客户交流、避免和管理争端、技术管理、财务管理、人事管理和职业责任等方面,推荐了大量实用的措施和解决办法。

我国对风险管理的研究起步较晚,改革开放以后,我国保险业才恢复了停办达 20 年的国内保险业务,一些国内学者逐步将风险管理和安全系统工程学理论引入我国,并在企业界引进国外先进的风险管理经验,取得了较好的成效。随着我国社会经济的快速发展,尤其是我国社会主义市场经济的逐步完善,风险管理日益受到各方面的重视,风险管理理论与实务的研究及推广取得了较快的发展。

1979 年 11 月,我国成立了第一个从事保险理论研究的全国性群众学术团体——中国保险学会,开展适合我国国情的保险理论和学术研究,开展与国际和我国港澳台地区的保险学术交流活动,研讨课题涉及保险的基础理论,如保险性质、职能、作用以及保险基金的积累与分配。也有专项的业务讨论,如农业保险的发展道路、地震保险、船舶保险以及保险企业经营管理体制与保险业发展的战略问题等。于 1990 年完成的"七五"国家经济科学重点研究课题,主报告《中国保险业的发展》研究了保险业发展的一般规律,探讨了未来我国保险业发展的种种可能性。

第三节　研究工程保险费率的必要性

大型调水工程项目建设的社会自然环境复杂多变,所面临的风险随着社会经济的发展越来越多,风险所致损失规模也越来越大,工程项目的风险管理在国内外工程界日益受到重视。风险评估是风险管理的基础,工程保险是风险管理最有效、应用最普遍的措施。在大型调水工程实施工程保险的过程中,根据工程项目风险大小合理确定保险费率,既是工程保险方案被工程业主所接受,开拓我国工程保险市场的关键,也是保险人提高支付能力、赖以经营发展的基础。大型调水工程项目实施工程保险时,保险方案中难度最大、技术性最强、最关键的就是合理确定保险费率。因此,作者提出基于风险评估的大型调水工程保险费率的确定,具有实际意义。

一、大型调水工程特点及其风险情况概述

调水工程是水资源利用和开发的一种特定方式,同时是促进水资源整体优化配置的重大战略性基础设施,属于水利工程。它与其他建筑工程有明显的不同,与一般其他工业生产相比,差别更大。水利工程形成的产品具有体积庞大、复杂多变、不可逆转等特点。由于水的作用,其工作条件更为复杂,一旦遭受洪水影响而失事后果严重,而调水工程与一般水利工程相比更具有工程沿供水线路呈线性分布,工程涉及的建筑物类型较多,工程建设受地形、地貌、地质及其他自然和社会环境条件影响较大等特点。因此,调水工程产品形成的过程(即工程施工过程)与一般工业产品的生产过程相比,受制于较多的风险因素,其中最主要的有:生产的流动性;工程产品的多样性和生产的单件性;工程产品体积庞大、生产周期长、涉及面广;露天、地下和高空作业带来的质量安全隐患和风险源多;建筑物受水环境的影响大,与自然条件关系密切等。

(一)大型调水工程施工安全生产风险因素

1.生产的流动性

调水工程生产的流动性表现在以下几个方面：

(1)施工单位(包括人员、材料、生活设施、机具和机械等)随着工程沿输水线路分布,搬迁转移,安摊、撤摊频繁。

(2)水工建筑物常年处于各种外力作用下,经历酷暑严寒,冷热交替,加之受水环境的侵蚀,设计要求功能齐全,具有足够的耐久性和抗腐蚀等性能。因此,其施工难度大,技术含量高,产品成本增加,直接加大了投资规模。

(3)施工操作人员变动大,生产缺少连续性,工程产品不固定,难以批量生产。渡槽、倒虹吸、桥梁、涵闸、引水渠道等水工、土工建筑物结构形式多样,施工质量应高标准、严要求。

(4)鉴于单个建筑物工期不长,所以水、电、加工厂及生活、生产用房一般采用临时性建筑,而且工程大都远离城镇,处于偏僻的山村地区。

2.工程产品的多样性和生产的单件性

不同的调水工程项目,从设计到施工都有一定的差别,即使是使用相同的设计,也因其所处的自然条件与技术经济条件(如地形、地质、水文、气候、交通等)各有差异。在多数情况下,这种差别是很明显的,工程生产的单件性使其所采用的结构形式、建筑材料、施工方法、工序及技术措施等都有所不同。

3.工程产品体积庞大、生产周期长、涉及面广

调水工程项目一般规模较大、投资较多,且建筑物体积庞大,生产周期长,少则 1~2 年,多则 3~5 年,甚至更长。举世瞩目的"南水北调"工程建设周期长达 40~50 年。此外,工程项目涉及面也较广,如建设、土地管理、生态环保、移民迁安、规划设计、施工、监理和水、电、通信、材料设备供应、交通管理等部门。在工程现场也存在着各专业之间的平行、交叉作业,作业时间和空间要求对工程质量都有一定影响。调水工程一般属国家基建工程,在工程工期控制上往往受地方政府指令性计划的影响,因受"政绩"所驱使,一些地方为献礼赶工,桥断房塌及

"豆腐渣"工程时有发生。

4. 露天、地下和高空作业

露天、地下、高空作业是工程建设的共性,受自然气候等自然环境因素的影响较大,如台风、暴雨、洪水、冰冻等;在水工建筑物施工中存在较多的高空作业、地下作业或水下作业,是影响工程施工安全的重要因素。

5. 水工建筑物长期受水作用,并与水文、地质、地貌环境关系密切

调水工程建筑物由于受水影响,将承受静水压力和动水压力,或基础扬压力或附加冰压力,地震时产生激荡力等,并且存在防渗、防漏、防冻等问题。对于高速水流建筑物,还可能受负压、气蚀和冲击波的影响,水环境的恶化使建筑物受水侵蚀性的影响,等等。

6. 调水工程输水线路长

由于调水工程输水线路长,工程沿线的地质、地貌环境将对建筑物产生非常重要的影响,有时甚至起着决定性的作用。在施工中,如果处理不好复杂的地质条件,将严重影响建筑物的安全、使用功能和运转的可靠性;地质灾害如滑坡、地陷、地裂、地震及泥石流等将对建筑物和施工现场造成严重破坏,甚至带来毁灭性的打击。

7. 工程施工协调工作量大

大型调水工程是沿输水线路布置的群体工程项目,是分段实施的,施工单位多,内外干扰因素多,施工协调工作量大。

大型调水工程都是跨流域或跨地区的引水工程,工程输水线路短则几十千米,长则几百千米,甚至上千千米,地质、水文等现场条件复杂多变,工程建筑物类型可能包括水库、水闸、船闸、泵站、渡槽、输水隧洞、倒虹吸、箱涵、管道、渠系建筑物和管理住房等几乎所有的土木和水工建筑物。调水工程通过公开的招标投标程序,一般是分段发包给不同的工程承包单位。如向香港、深圳供水的东改工程全线约 50 km,共 18 个施工标段,由 14 个施工单位承包施工。约 50 km 的工程沿线涉及 2 个地区,8 个乡镇,地域的不同,利益的差异,导致内外干扰因素多,施工协调工作量大,相应地增加了一定的风险。

大型调水工程的以上特点使其在施工过程中增添了多方面风险因

素,发生自然灾害和意外事故的可能性比一般工业产品生产过程要大得多,并且可能的损失额巨大。因此,大型调水工程建设属高风险的工程生产消费过程。

经过调研和归纳整理,作者认为大型调水工程施工期间的"重大危险源"主要存在于以下几个方面:

(1)施工现场开挖深度超过 5 m(含 5 m)的建筑物基坑工程,或深度虽未超过 5 m(含 5 m),但地质条件和周围环境极其复杂的沟(槽)、基坑工程。

(2)地下暗挖工程、输水线路与河流及道路(公路、铁路)穿越工程。

(3)水平混凝土构件模板支撑系统高度超过 8 m,或跨度超过 18 m,施工总荷载大于 10 kN/m^2,或集中荷载大于 15 kN/m^2 的高大模板工程,以及各类工具式模板工程,包括滑模、爬模、大模板等。

(4)30 m 及以上高空作业。

(5)旧建筑物、构筑物拆除爆破和其他土石方大爆破。

(6)大型建筑起重机械设备安装、拆卸。

(7)超重、超长物件吊装及运输工程。

(8)高度超过 24 m 的落地式钢管脚手架。

(9)其他专业性强、工艺复杂、危险性大、交叉,以及易发生重大事故等的施工部位及作业活动。

(二)非技术风险因素和技术风险因素

大型调水工程施工安全生产风险因素主要存在于以下几个方面。

1. 非技术风险因素

(1)施工单位无安全生产许可证,从事特种作业人员无特种作业操作上岗证。

(2)施工企业未制定安全生产管理制度、安全文明施工管理制度、安全生产责任制。

(3)施工企业未制定安全技术措施。

2. 技术风险因素

(1)土石方施工方案中无基坑支护安全措施。

（2）脚手架搭设方案无设计图及设计计算书。

（3）垂直运输机械的安装、使用和拆卸无安全措施。

（4）施工现场的临时用电未按照安全生产规定安装或无相应的安全措施。

（5）未制订模板施工方案，或制订的方案不完整。

（6）施工现场无防火、防爆、防毒等安全措施。

（7）未制定季节性安全措施。

（8）施工图设计错误。

（9）施工操作不当或因施工质量问题产生的其他工程质量安全事故。

工程风险是客观存在的，是人们无法消除的。对待风险应采取正确的态度，既不能夸大风险，被风险吓倒，又要正视风险，把握其规律，采取相应对策，认真做好风险因素的事前控制。同时，要充分利用工程保险这一有利措施，最大限度地为大型调水工程减轻或转移风险造成的损失。

二、我国大型调水工程保险存在的主要问题

我国大型调水工程实施工程保险措施（投保）起步较晚，目前工程风险控制仍然大多依靠传统的技术管理手段。这虽然在控制工程风险方面起到一定的作用，但不能从根本上解决工程风险问题。工程保险形势的落后，在相当程度上制约了调水工程的顺利进行，负面影响是显而易见的：

（1）当发生自然灾害时，这种传统的风险控制措施将黯然失色，很少发挥作用，尤其是地震、大规模滑坡、泥石流或穿越江河的跨越建筑物在遭受超标准洪水袭击时，往往难以避免巨大的工程损失。

（2）受工程技术管理人员认识水平差、经验不足的影响，采取的风险控制措施往往效果欠佳，而且缺乏专门的风险研究，对风险估计不足，技术管理措施缺乏预见性，应急能力差，致使在风险事故后才"亡羊补牢"。

（3）没有专门的风险管理组织机构和人员，缺少专门的工程风险

评估,往往把主要风险和次要风险混为一谈,尤其对高风险的输水隧洞开挖、土石围堰填筑及跨越江河等高难度工程,缺少针对性的风险控制措施,所采取的风险控制措施作用也只是事倍功半。

我国工程保险起步较晚,经验不足,缺少科学合理的针对调水工程的风险评估方法和保险费率的确定依据。目前,在确定工程保险费率上多采用最大可能损失法(简称 PML 法),该法在一定条件下,对确定工程保险费率发挥了一定作用。但是,由于工程风险的复杂性和多层次性,该法的使用范围和合理性受到一定限制,尤其是没有独立、充分地考虑人为差错风险等。对于建设规模大、工期长、场地条件复杂多变、内外干扰因素多且由多种类型建筑物组成的大型调水工程而言,采用 PML 法所确定的保险费率往往与工程的实际风险大小不相匹配。在少数已投保工程险的调水工程中,如向香港、深圳供水的东改供水工程,大多数保险人在与被保险人洽商有关工程保险时,对保险业务知识知之甚少,存在着严重的双向信息不对称性。选择保险人和确定工程项目保险方案中的保险费率时,被保险人不知如何选择一个适合本工程风险特点的担保对象,而对于工程保险费率的确定,几乎又都不作风险评估或很粗略地进行风险分析,主要参照国际保险界的经验数据,随意性很大,往往使确定的保险费率与工程项目的实际风险相差甚远,从而挫伤被保险人或保险人进一步关注保险事业的积极性,严重阻碍了工程保险制度在我国的推广应用。我国经济高速发展,基建规模逐步增大,而工程保险额却相对较低,与发达国家相比差距日益拉大,这种尴尬局面再也不能持续下去了。

有鉴于此,为了加速发展我国的工程保险事业,建立、完善和发展工程保险中介组织已经十分紧迫地提上议事日程。发展保险中介组织,尤其是扩大保险经纪人队伍是解决大型调水工程中保险人与被保险人信息不对称问题和推动开拓工程保险市场的重要措施之一。由于大型调水工程具有风险技术性和复杂性等原因,在国际工程保险市场中,大量的工程保险业务都是通过工程保险中介组织实现的。

三、研究风险评估对确定大型调水工程保险费率的作用和意义

我国工程保险的理论研究和推广实施起步较晚,在工程保险实践中,对工程保险方案中保险费率的确定随意性大,工程保险方案主要借鉴国外保险单的有关条款,对工程风险研究较少,风险理论在工程保险中的实际应用更少,大多停留在一般性的概念、识别和分析评估方法上,形成了我国不断增长的工程保险要求与保险理论指导相脱离的状况。而从国内外工程保险发展的趋势看,我国建立工程保险制度的时机已基本成熟,工程保险市场潜力巨大,发展前景乐观,备受国内外保险界的强烈关注。因此,研究大型调水工程风险评估和合理确定工程项目保险费率,是目前我国工程保险发展形势的需要,同时对我国近年发展较快的大型调水工程在推广工程保险、加强风险控制方面发挥助动借鉴作用,并为建筑工程界、保险界和其他土木工程界提供新的思路。

毋庸置疑,我国工程保险的发展是随着外资和中外合资或利用世界银行贷款兴建工矿企业和商业服务设施,以及公路、桥梁、水利、环保等工程的不断增多而逐步发展起来的。据有关资料,目前,外资工程的投保率已达 90% 以上,而国内工程投资项目的投保率却相对较低,即使在经济发达的上海、广东地区投保率也仅达到 50% ~ 60%。但是,值得欣慰的是,近几年国内大型基建工程项目投保数量不断增多。根据中国人民保险公司广东分公司提供的资料,广东的工程保险保费收入已经达到财险的 30% 以上。近年来在广东承接的工程保险项目中,投保额超过 10 亿元人民币的工程有 30 余项,如广州抽水蓄能电站保险额 88 亿元港币,广东沙角 C 电厂保险额 15 亿美元,崖 13 – 1 海上天然气田工程保险额 6 亿美元及大亚湾核电站等。中国人民保险公司湖北省武昌分公司承接的单项投资额超(达)40 亿元巨额保单就有三峡左岸电站发电机安装工程、蒲圻电厂、京珠高速公路南段、荆襄高速公路、长江堤防隐蔽工程等 7 个单项工程。

特别需要提及的是举世瞩目的"南水北调"工程,为了对历史负

责,对工程安全质量负责,在既定成本、质量、工期的约束下,为了防止建设周期内风险事故的发生,采用风险管控与保险保障相结合的运行模式,为工程风险设置多层"先进保守"的安全屏蔽,努力实现"事前有预防,事后有赔偿",千方百计"将老虎关在笼子里",于2006年2月就"南水北调"中线干线穿黄工程、京石段应急供水工程与国内一家知名保险公司签订了保险合同,开创了国家重点工程项目大型调水工程投保的先河。

我国建筑业现已开始逐步建立工程保险与担保制度。早在2000年建设部就积极开展工程风险管理研究课题的研究,起草了《关于在我国建立风险管理制度的指导意见》和《关于在我国建立风险管理制度的研究报告》。工程保险与担保制度已在深圳、上海、北京积极试点推行,并取得了显著的效果。在北京举行的一次"防范重大工程建设项目风险国际研讨会"上,国家建设部、国家计委和工程界、保险界的领导与专家都提出在我国应尽早建立推广工程保险与担保制度,并应以有关法律、法规做保障。在会上,中国保监会财产保险监管部副主任丁小燕介绍了我国工程保险的发展空间:我国目前的建设项目投保率如果能达到50%,工程保险额将增加1万亿元以上。可以肯定,工程保险在我国的发展空间很大,并已受到世界各大保险公司的青睐。

在现行通用的《水利水电工程设计概(估)算费用构成及计算标准》第五部分"其他费用"中已增列了工程保险费,并规定按第一至第四部分合计金额的4.5%~5.0%计取工程保险费;《水利水电土建工程施工合同条件》(GF—2000—0208)中的技术条件1.14款规定应投保的险种包括:①工程险(包括材料和工程设备);②第三者责任险;③施工设备险;④人身意外伤害险。

大型调水工程风险因素很多,不同工程的风险大小各不相同,往往产生的风险损失差别也很大。在确定大型调水工程项目的保险费率时,如不进行科学合理的风险评估,当遇到高风险的调水工程项目时,保险人将面临较大的风险,可能会因偿付数额太大,危及保险人的支付能力而破产,所造成的社会影响是难以估量的。对于低风险的工程项目,如不作科学的风险评估,收取高额保费,将挫伤被保险人的积极性,不利于工程保险业务的发展。加入 WTO 后，也可能因保险费率过高而失去竞争力，结果被国外保险公司所淘汰。

综上所述，我国工程保险业务的上升空间巨大，并已受到国际保险业的关注，建立工程保险制度已迫在眉睫。工程保险市场将随着国外保险公司的进入而竞争日趋激烈，加强工程保险理论与实践研究对于加快我国工程保险业的发展，抵御加入 WTO 后工程保险受国际社会冲击具有重要的意义。

通过本节对大型调水工程风险识别和评估研究，可以充分认识大型调水工程中存在的主要风险及各种风险因素的重要性权重。本节不但考虑了调水工程地质、水文、气象、建筑结构、材料等自然物质风险因素，而且从人的行为能力角度考虑了人为差错风险因素，这是目前我国通常采用的最大可能损失法（即 PML 法）确定工程保险费率的风险评估中所没有的，使工程风险评估更加科学合理，为大型调水工程风险管理提供科学的依据作尝试。

本节所采用的工程保险费率的确定方法，是针对风险复杂多变的大型调水工程提出的，试图为工程保险行业提高工程保险和核保质量提出一个比较科学、合理、实用的确定工程保险费率的方法。

第四节　主要研究思路和内容安排

在工程实践中，经常遇到以下情况：工程保险方案中确定保险费率的随意性很大，对工程实际的风险大小一般不作调查和分析评估或只作粗略的调查和分析评估，或采用的工程保险费率的计算方法不合理，造成保险费率与实际的风险水平相差较远。本书结合作者近年来在大型调水工程保险中的实践，在阐述风险评估和工程保险主要理论的基础上，将两者有机结合起来，应用于大型调水工程保险方案中的风险评估和保险费率的确定。作者针对大型调水工程风险特点，在系统辨识各类潜在风险的基础上，重点分析了工程保险责任范围的工程风险及大型调水工程典型建筑结构的主要风险，并为确定合理的工程保险费率提出新的工程风险分类方法，应用层次分析法对工程风险进行评估，并将风险评估结果转化为保险费率计算指标,以科学、合理、可操作性为原则,最后确定大型调水工程保险费率计算公式,并结合本书写作调查过程中和作者在工程实践中的点滴经验与体会,为读者提供顺利开展工程保险实践的若干建议。

本书具体内容安排如下:

第一章 绪论。介绍有关工程风险、工程保险及工程保险方案中保险费率的研究背景,分析国内外研究现状,阐述对基于风险评估的大型调水工程保险费率确定进行研究的必要性,以及研究的主要思路、方法。

第二章 大型调水工程风险与工程保险概述。介绍工程风险与保险的基本理论,提出大型调水工程风险的定义、特点及工程风险与保险的关系及本书所研究的工程风险范围。

第三章 大型调水工程风险识别。对大型调水工程普遍风险及典型建筑结构风险进行辨识分析。

第四章 大型调水工程风险评估和保险费率的确定。在风险分类的基础上,应用层次分析法对三类风险进行量化评估,并介绍了保险费率的概念、保险费率确定的基本方法;在分析目前我国采用的工程保险费率确定方法的基础上,提出了本书确定大型调水工程保险费率的依据、计算方法及公式,并进一步研究了保费和免赔额、保费与保险期限之间的关系。

第五章 案例分析。选择我国具有代表性的大型调水工程——广东东改供水工程为背景,进行风险评估和保险费率的计算,以检验本书提出的理论支撑的实用性和可操作性。

第六章 大型调水工程保险索赔。根据大型调水工程开展工程保险的实践,对工程保险索赔的原则、主要内容、操作流程、费用计算等问题作了重点介绍。

第七章 结论与展望。

第二章　大型调水工程风险与工程保险概述

第一节　大型调水工程风险的定义及特征

一、调水工程的定义与特征

何谓调水工程,在查阅的有关文献中尚无确切的定义。工程实践中,往往将调水工程、引水工程、供水工程相互混淆使用,实际上它们是有区别的。一般来讲,引水工程包括调水工程和供水工程,是指为解决工农业生产或城镇生活用水,通过工程措施,将水资源输送到需水地区的工程。而供水工程是指为解决城镇生产、生活用水,输水线路相对较短的引水工程。

调水工程是指通过提水或筑坝蓄水和输水建筑物等工程措施,将富水地区内的江河、湖泊或水库中的水资源跨流域或跨地区引入需水地区的工程。调水工程具有以下特征:

(1)调水工程是为了满足缺水地区的工农业生产或城镇生活用水的需要而修建的大规模引水工程。

(2)调水工程是经提水或筑坝蓄水抬高水头,通过一系列输水建筑物实现水资源在地区或时间上的再分配的工程。

(3)调水工程是跨流域、跨地区的引水工程。

(4)调水工程一般规模大、投资多,工程是由一系列取水建筑物、挡水建筑物和输水建筑物及交通、环保、生态等配套工程沿输水线路分布的群体工程项目。

大型调水工程是根据有关工程规模划分原则所确定的,其中分为大(Ⅰ)型和大(Ⅱ)型调水工程。

二、调水工程风险的概念

风险(Risk)是现代社会经常提到的一个概念,关于风险的定义,目前国内外学术界尚无统一的定义,由于人们研究风险的角度不同,对风险的定义也有所不同。如"风险的损害可能说与损害不确定说":从风险管理的角度出发,强调损失发生的可能性;"预期与实际结果变动说":将风险定义为在一定条件下,一定时间内的预期结果与实际结果的差异;以美国学者罗伯特·梅尔(Robert I. Mehr)为代表的"风险主观说":把人的主观因素引入风险概念,强调损失与不确定性之间的关系和不确定性产生于个人对客观事物的主观估计;而以小阿瑟·威廉姆斯(C. Arthur Williams)和里查德·M·汉斯(Richard M. Heins)为代表的"风险客观说":用概率和统计的观点定义风险是可测定的不确定性,不确定性是主观的,风险概率是客观的,可用客观的尺度加以测度。"风险客观说"奠定了现代风险管理与保险学的理论基础。

综上所述,我们可以将风险定义为:在从事某项特定活动中,由于存在着不确定性而产生的经济或财务损失、自然环境遭到破坏以及物质受到损伤或毁灭的可能性。风险具有客观性、损失性和不确定性这三个特征。

根据风险的一般概念和调水工程风险特征,将调水工程风险定义为:在调水工程建设过程中,由于人们的行为和客观条件的不确定性或随机因素的影响,而导致的实际结果偏离预期结果所造成的损失的可能性。

调水工程风险的大小可以用如下数学式来表达:

$$R = f(P, L) \tag{2-1}$$

式中　R——风险(Risk);

　　　P——风险概率(Risk Probability);

　　　L——风险损失(Risk Loss)。

三、大型调水工程风险的特点

大型调水工程是沿输水线路分布的群体工程项目,具有建筑物类型多样,工程地质、地貌、水文及其他自然环境和社会经济环境复杂多变等特点。此外,在调水工程建设过程中还具有生产的流动性、工程产品的多样性和生产的单件性等特点,加之工程产品体积庞大,生产周期长,常年处于地下、露天和高空作业,且工程产品大多受水的作用而易遭碳化和侵蚀。因此,大型调水工程建设过程属于高风险生产过程,尤其是输水隧洞开挖、土石围堰填筑、深基坑边坡支护和不良地基及地质灾害的影响等风险更大。总体来讲,大型调水工程风险的特点主要表现在以下几个方面:

(1)风险存在的客观性和普遍性。作为损失发生的不确定性,风险是不以人们的意志为转移并超越人们主观意识的客观存在,而且在项目的建设周期内,风险是无处不在、无时没有的,这些说明了为什么人们一直希望认识和控制风险,但直到现在也只能在有限的空间和时间内改变风险存在与发生的条件,降低其发生的频率,减少损失程度,而不可能完全消除和完全控制风险。

(2)某一具体风险发生的偶然性和大量风险发生的必然性。任何一种具体风险的发生都是诸多风险因素和其他因素共同作用的结果,是一种随机现象。个别风险事故的发生是偶然的、杂乱无章的,但对大量风险事故资料进行观察和统计分析,就会发现其呈现出明显的规律性,这就使人们有可能用概率统计方法及其他现代风险分析方法去计算风险发生的概率和损失程度,同时促使风险管理科学技术迅猛发展。

(3)风险的可变性。这是指在工程项目的整个建设过程中,各种风险在质和量上是随工程的进行而发生变化的。有些风险得到控制,有些风险会发生并得到处理,同时在工程项目的每一阶段都可能产生新的风险,尤其是在大型调水工程相对漫长的建设过程中,由于风险因素多种多样,风险的可变性更加明显。

(4)风险的多样性和多层次性。大型调水工程建设周期长、规模大、涉及范围广、风险因素数量多且种类繁杂,致使大型调水工程项目在建设周期内面临的风险层出不穷、防不胜防,而且大量风险因素之间的内在关系错综复杂,各风险因素之间及与外界因素交叉影响又使风险显示出多层次性,这是大型调水工程中风险的主要特点之一。

（5）大型调水工程试通水风险的突发性。在大型调水工程施工阶段，存在着与水作用有关的多种风险：污染水体对建筑物的腐蚀、施工排水对地基的浸泡和软化及高填方段填土料含水量超标等。但这些风险因素只有当工程完工后，取水或挡水建筑物和输水建筑物过水时，才会突然表现出来。如地基遇水下沉、渠堤遇水滑坡，建筑物在强大的水压力和振动作用下发生裂缝、渗漏等，这是大型调水工程风险的另一个主要特点。

第二节　大型调水工程风险管理概述

一、大型调水工程风险与损失

在大型调水工程建设中，存在着各种各样的风险，各种风险受到不同因素的影响，都有其各自的本质特性和规律。有些风险，如混凝土浇筑质量风险，人们可以控制；有些风险，如地下隐蔽工程（泵站基础深层搅拌桩等）的施工质量风险，人们只能做有限的控制；有些风险，如地震风险和地质灾害风险，人们很难控制，但可以认识它并采取措施减少风险发生所造成的损失。风险并不是一成不变的，它是随着时间、空间和环境等条件的变化而转化的，如输水隧洞开挖完成以后，进行了钢架支护，隧洞开挖前存在的围岩塌方风险便已不复存在了，或者风险已大大降低了。

任何一种风险都与风险因素、风险事故和损失三个要素有关。风险因素是引起或增加风险事故发生的概率和影响损失程度的因素或条件。风险事故是指直接或间接造成损失发生的偶发事件，风险事故是造成损失的直接或间接原因，是损失的媒介物；损失是风险事故的发生或风险因素的存在所导致的经济价值的意外丧失或减少。风险因素的存在并不一定都引起风险事故，风险事故也不一定都导致损失。但是，风险因素越多，风险事故发生的概率就越大，所造成损失的可能性就越大。

在大型调水工程建设过程中，风险因素有自然物质因素、社会政治环境因素、技术与管理因素和地域差异引起的经济利益因素等;风险事故有质量事故、安全事故、设备事故、火灾事故、爆炸事故、自然灾害事故和技术操作事故等;按照损失的对象,损失可分为财产损失、责任损失和额外损失等。大型调水工程风险存在的客观性和普遍性及其发生时间、空间上的偶然性和总体上的必然性,决定了大型调水工程建设中存在的风险越大,可能遭受的损失就越大。控制风险需要投入,有一个风险控制成本问题。采取何种风险管理措施使风险控制成本最低是风险管理研究的主要目的之一。

二、工程风险管理的定义

风险管理首先应用于企业,在风险管理的全过程中,由于不同学者对风险管理的出发点、目标、手段和管理范围等强调的侧重点不同,从而形成了不同的风险管理定义。

美国学者格林(Green)和塞宾(Sebin)认为风险管理是为了在意外损害发生后,恢复财务上的稳定性和营业上的获利对所需资源的有效利用,或以固定费用使长期风险损失减少到最小程度。

英国伦敦特许保险学会的风险管理教材定义风险管理是为了减少不确定事件的影响,对企业各种业务活动和资源的计划、安排与控制。

美国的班尼斯特(Benyst)和鲍卡特(Bookter)认为风险管理是对威胁企业生产和收益的风险所进行的识别、测定和经济的控制。

以上关于风险管理的定义,本书作者认为尚不够全面完整,未能全面提出风险管理的实质和核心。根据工程风险特点和工程风险管理的方法、目的,我们认为将工程风险管理定义概括为如下表达,可能会比较全面地反映工程风险管理的内涵:

工程风险管理是各经济单位对工程项目活动中可能遇到的风险进行识别、预测、分析评价,并在此基础上优化组合各种风险处理方法,以最小的成本,最大限度地避免或减少风险事件所造成的损失,安全地实现工程项目总目标的科学管理方法。

从以上工程风险管理的定义可以看出:①工程风险管理的主体是各个经济单位,如工程项目业主、工程承包商、工程设计企业等;②工程风险管理由风险识别、预测、评估分析、处置等环节组成,是通过计划、组织、指导、控制等过程,综合、合理地运用各种科学的风险管理方法来实现目标;③工程风险管理以组合选择最佳的风险处理方法为中心,体现风险成本投入与工程效益的关系;④工程风险管理的目标是实现工程总目标,以最低的风险成本获得最大的安全保障。

三、大型调水工程风险管理的主要程序

大型调水工程风险的复杂多样性和多层次性,决定了其风险管理程序与企业风险管理和其他工程风险管理有所不同。

首先,由于大型调水工程建设周期长、规模大、涉及范围广,其风险管理过程是一个全过程的动态管理,如图2-1所示。

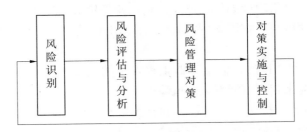

图2-1 大型调水工程风险管理过程

其次,大型调水工程风险管理应设立专门的组织机构,制定有效的风险管理措施,对风险管理的实施进行计划、组织、指导、控制,协调各阶段、各部门和单位、各专业之间存在的风险管理上的矛盾,实现以最低风险控制成本,达到工程建设总目标的风险管理目的。

大型调水工程风险管理的主要程序如下。

(一)建立机构、收集信息

风险管理机构应由工程风险管理专家和土建、机电设备、建筑安装、设计、施工等主要工程技术专家组成。应及时收集有关工程信息,主要的信息资料包括:

(1)国家有关调水工程建设的法律、法规、政策指令和工程项目计划目标。

（2）有关工程规划设计勘察文件、政府主管部门审批文件。

（3）工程输水沿线所在地的有关社会、经济（交通、供水、供电等）、生产资源、民俗等资料。

（4）工程所在地有关的自然环境条件及自然灾害资料。如水文地质、地形、地貌、气候、地震、泥石流、洪水、台风等历史资料。

（5）工程所有参建单位的有关资料。

（6）国家、地方政府和工程主管部门颁发的工程技术规程、规范、验收标准及工程承包合同范本等。

（二）风险识别

风险识别是风险管理的基础,主要关注以下问题:工程项目中有哪些潜在的风险因素? 这些风险因素会引起什么风险? 这些风险可能造成的损失的严重程度如何? 风险识别也就是找出风险之所在和引起风险的主要原因与存在因素,并对其后果作出评估。工程风险识别的方法主要有:

（1）工程类比法。借鉴类似工程发生的主要工程事故,结合该工程具体情况来判别可能发生的风险。

（2）资料分析法。根据收集的有关资料,运用专业技术知识和工程实践经验来分析判断可能的风险。

（3）环境因素分析法。根据工程所在地的政治、经济、自然、地理、人文环境,分析对工程建设的不利影响,判断可能发生的风险。

（4）专家调查法。各专业的专家对工程进行实地调查,运用专家工程理论与实践经验识别工程风险。

（三）风险评估

在风险识别的基础上,根据风险特点和风险评估目的,选择风险评估系统模型,或运用概率论和数理统计的方法,对风险进行定性分析和定量分析,并估算出各种风险的大小,即风险发生的概率及其可能导致的损失大小,从而找到工程建设的主要风险,为重点处理这些风险提供科学依据。

工程风险评估的方法,在有关文献中,有些强调运用概率论和数理统计方法,有些强调用蒙特卡罗（Monte Carlo）模拟法、效应理论、模糊分析法、影响图分析法等。本书作者认为，风险评估方法有多种，这些方法各具特点，其应用范围、条件有所不同，彼此一般不能替代。对于大型调水工程风险，由于累积的历史数据少，加上其建设产品的单件性，运用概率论和数理统计方法是很困难的，并且计算成果是某一类工程的某种风险的平均数据，不能直接运用于特定的工程项目中。因此，大型调水工程风险评估应根据风险评估目的，选择那种能够利用专家的工程实践经验的风险评估方法，如模糊分析法、层次分析法、效应理论和蒙特卡罗模拟法等。

（四）制定风险管理对策

工程项目实施过程中，各种各样的风险存在于工程项目实施的不同阶段，风险的大小和危害性也各不相同，应对风险的方法当然也各有区别。通过对风险的评估与分析，找出主要风险及其影响因素，根据这些主要风险的特征、性质及风险责任者的不同情况，制订相应的风险管理计划，即选择符合风险管理目标的风险处置方法中的任何一种方法或几种方法。这些风险处置方法包括风险回避、风险防损与减损、风险自留和风险转移。

（1）风险回避。风险回避就是设法回避损失发生的可能性，对有风险的事回避不做。回避是一种消极的风险处理方式，但有时是有效的。当然，回避有时是不可行的。

（2）风险防损与减损。通过风险分析，采取预防措施防止损失的发生或损失事故发生前或发生时，采取有效措施减少损失。防损与减损是一种积极的风险处理方式，但一般需要一定的投入和成本。

（3）风险自留。风险自留是指由风险责任者自己承担风险。一般要求风险责任者具有一定的风险预测和风险承担能力。对于较小的风险或有能力承担的风险，一般可采取风险自留的方式，但是一旦发生巨灾风险，其后果就相当严重。

（4）风险转移。通过一定的方式，将风险从一个主体转移到另一个主体，如通过公司组织、通过合同安排、通过委托保管、通过担保和保险等。风险转移是风险处理最常用的方式。

工程保险是应对工程风险重要的也是最有效的措施，是国际工程界通行的做法。工程保险的基本作用是分散集中性的风险,以小额的支出换取巨额损失的经济保障,避免灾难性的打击,使工程业主与参建者能够按既定目标发挥工程投资效益。

(五)风险管理对策的实施与控制

工程风险管理机构根据风险管理计划组织实施,研究解决实施过程中的有关问题,加强各部门、各专业之间的沟通和交流,并及时掌握风险动态变化及实施的反馈信息,以便进一步调整控制风险管理计划及其实施效果。

第三节 大型调水工程保险概述

一、工程保险概述

工程保险产生于19世纪50年代,它是为适应英国工业革命后纺织业的繁荣与需要而逐步发展起来的,现已成为西方工业发达国家工程建设中不可缺少的重要组成部分,是迄今国际工程界采用最普遍也是最有效的工程风险管理手段之一,是工程风险规避的最主要方式。

在工程实施过程中,运用以工程保险为主的工程风险管理方法来处理工程风险问题是国际惯例。国际咨询工程师联合会(FIDIC)是目前国际咨询业的权威性组织,在工程承包 FIDIC 合同条款中,按照"近因易控"的责任分担原则,对工程风险责任的分担和工程保险都进行了明确、详细的规定。

法国是实行强制工程保险制度的国家,1804年《拿破仑法典》就规定,建筑师和设计师必须在建筑完工10年内负有对房屋结构缺陷做修正的严格责任。1979年制定的《斯比那塔法》(Spietca)规定10年期的潜在缺陷保险为强制性保险。日本从1982年开始建立住宅结构保证制度,1999年制定的《住宅品质确保促进法》中规定住宅负有10年的性能保证责任,是强制性的。美国工程保险制度的特点是:保险市场高度发达,保险品种门类齐全,与保险相配套的法律体系健全完善,保险人积极协助投保人成为化解工程风险的有效途径,保险经纪人在保险业务中扮演了不可替代的角色,行业协会在工程保险中发挥着重要作用。

1994 年,国家建设部为适应市场经济的变化,增强工程建设过程中的风险抗御能力,下发了《关于调整建筑安装工程费用项目组成的若干规定》,在建筑安装费用概算中增列了工程保险费用项目。

2000 年水利部、国家电力公司、国家工商行政管理局在联合下发的《水利水电土建工程施工合同条件》(GF—2000—0208)中的技术条件 1.14 款中,规定应投保的险种包括:①工程险(包括材料和工程设备);②第三者责任险;③施工设备险;④人身意外伤害险。

随着我国加入 WTO,以及工程建设领域与国际接轨步伐的加快,在我国工程界和保险界已逐步认识到工程保险的重要性。大型调水工程属水利工程范畴,然而近些年来只有少数调水工程实施了工程保险,在工程保险理论研究和实践中尚存在着较多问题和空间,需要进一步研究和完善。

二、工程保险的概念及大型调水工程保险的特点

(一)工程保险的概念

保险是一种经济补偿制度,它通过保险机构将众多的被保险人联系起来,通过收取少量的保险费的方法,承担保险责任范围的风险。被保险人一旦发生保险约定的自然灾害、意外事故而遭受财产损失及人身伤亡时,保险人给予经济补偿。

保险的种类很多,根据不同的分类标准可以将保险分为若干种类型,其基本类型可分为财产保险、人身保险与责任保险。财产保险是以物质或其他财产利益为保险标的的保险;责任保险是以被保险人的民事损害赔偿责任为保险标的的保险;人身保险是以人的生命、身体或健康为保险标的的保险。

工程保险是为适应现代经济的发展由火灾保险、意外伤害保险及责任保险等演变而成的一类综合性财产保险险别。它承保工程项目在工程建设期间乃至工程竣工后的一段时间的一切意外损失和损害赔偿责任。工程保险的保障范围不仅包括工程项目本身的物资财产损失,还包括由于工程项目对第三者所造成的损害赔偿责任。其保险责任随

着经济发展、社会进步和工程种类的增加而扩大。工程保险的种类主要包括：①建筑工程一切险，包括建筑工程第三者责任险；②安装工程一切险，包括安装工程第三者责任险；③十年责任险和两年责任险等。本书仅讨论建筑工程一切险。

（二）大型调水工程保险的特点

从工程特点和保险承包方式看，大型调水工程保险与其他保险险种相比，具有以下特点：

（1）大型调水工程保险承保的是综合性风险。综合性主要表现在承保的风险范围、保险项目和保险受益人均具有综合性：工程保险承保的工程风险不但包括多种自然灾害，如地震、洪水、台风、泥石流、滑坡、海啸、雷电、飓风、龙卷风、风暴、暴雨、水灾、冻灾、冰雹、地崩、火山爆发、地陷等，还包括名目繁多的工程意外事故，如火灾、爆炸、工程施工安全风险、质量风险和人为差错导致的风险等；工程保险，如为建筑工程一切险，保险项目不但包括建筑工程险，还包括第三者责任险、施工设备险等；工程保险受益人，也就是被保险人，是工程风险转移前的风险承担者，包括工程项目业主、工程承包商、工程技术服务组织和其他参建单位等。

（2）大型调水工程保险承保的是巨额风险。大型调水工程投保一般是集中（工程各施工标段）全额投保，以便统一管理，取得全面的安全保障和优惠的保险保费。大型调水工程投保额少则几亿元人民币，多则几十亿元，甚至几百亿元。往往一个保险公司无能力或受支付能力限制，不能承保整个工程项目的保险，而是要分保或再保险。

（3）大型调水工程保险保单实行约定现开保单（或称开口保单）。大型调水工程是沿输水线路布置的群体工程项目，各工程段（或施工标段）的开工、完工时间是不同的，其风险大小，甚至风险性质都有很大差别。因此，大型调水工程承保时，都采用约定现开保单，即保险双方根据工程特点和风险特点，在保险公司基本的工程保险条款的基础上调整保险责任范围，依据承保的风险大小，合理确定保险费率，对于尚未开工的工程段（或施工标段）事先约定保险保单（包括保险责任范围、保险费率等）。大型调水工程保险保单实行约定现开保单还表现在工程保险额和保险期限等方面:工程保险承保的风险只有在工程实施中或试运行中才真正地呈现出来。保险标的是随着工程的实施而逐渐增加的,在投保时难以准确确定保险金额和保险期限(一般为工程开工之日至工程竣工验收或实际投入使用时为止)。综上所述,大型调水工程保险的个别性很强,其实现的承保方式是"量体裁衣"保单——约定现开保单。

三、工程保险的原则

保险的基本原则包括诚信原则、可保利益原则、经济补偿原则和权益转让原则。其内涵为:

(1)诚信原则。简而言之就是诚实和守信用,主要通过告知和保证两个方面来实现。告知是指有风险要实事求是地告知;保证是指投保人所作的允诺,不因他的某一行为或不作为而增加损害保险标的的危险性。

(2)可保利益原则。投保人必须对保险标的享有合法的权益,否则,保险合同将无法律效力。投保人享有可保利益应具备三个条件:①可保利益合法;②可保利益是可以确定的和能够实现的;③可保利益在经济上是可以估价的利益。

(3)经济补偿原则。保险人的经济补偿包括:①以不超过实际损失为限;②以不超过保险金额为限;③以投保人对标的的可保利益为限。

(4)权益转让原则。保险人按照保险公司约定,对保险标的所有或部分损失履行经济补偿后,依法应从被保险人那里取得保险标的的所有权或部分所有权和经济责任的追偿权。

四、大型调水工程保险的作用

在大型调水工程建设过程中,其风险特点决定了工程投资的不确定性和工程保险的重要作用。在作者调查的包括调水工程在内的已经完工的水利工程项目中,有约90%的工程项目因投资超过批准额度而进行了设计概算调整。超设计概算的原因是多方面的,但对风险估计不足、控制不力是一个重要原因。在过去相当长一个时期,调水工程投资主要由政府拨款或贷款,而目前调水工程投资主体多元化趋势明显,通过调整设计概算的路子已难以行通。采用目前仍在执行的国家水利部《水利水电工程设计概(估)算费用构成及计算标准》中处理不可预见性事件的办法,即设置一批闲置资金作为备用金已不经济,也不科学。当发生大的风险时,备用金不够用;风险很少发生时,备用金闲置无用,是浪费。作者认为只有采取在工程建设过程中拿出少量资金用于工程保险或风险管理来保障工程建设资金,既符合国际惯例,也切实可行。科学、经济的工程项目管理办法,才是明智的选择。大型调水工程实行工程保险的作用表现在以下几个方面:

(1)补偿被保险人因工程风险所造成的经济损失,维持工程建设的顺利进行,使工程能够按计划总目标发挥工程投资效益。

(2)有利于用经济手段管理工程建设市场,完善市场经济制度,增强企业风险管理的意识。

(3)通过承保人风险专业管理,有利于加强防灾防损,减少灾害事故的发生和物资的损失。通过保险费的调整,增强企业社会信誉的意识,加强企业管理。

(4)有利于财务稳定,使工程建设,尤其是主要依赖银行贷款的工程项目资金来源有可靠保障,并可增加就业机会。

五、大型调水工程保险运行程序

大型调水工程是沿输水线路分布的群体工程项目,工程施工是分段进行的,并且各段的不同建筑物的风险大小往往差别较大。在工程施工招标时,一般要求在工程投标报价中单列专项资金用于工程保险,保险计划一般由工程业主统一安排。由于大型调水工程投资大,工程保险额也大,往往一个保险公司无能力或由于支付能力限制,不能全部承保,而要分保或再保险。其工程保险主要的运行程序如下:

(1)保险展业。根据工程承包合同规定,由工程承包单位或业主在工程承包合同签订后,分别找保险公司协商工程保险有关事项,向保险公司提出投保申请,确定工程项目保险意向。有些是保险公司或保险经纪人首先向工程业主推销保险意向来开展保险业务的。

（2）风险评估、核保，制订初步的保险方案。保险公司根据投保人要求，对工程进行调查了解，收集有关资料，然后进行工程风险评估，制订初步保险方案。

（3）开放式保险邀请招标。工程施工承包单位或业主，根据全线各工程标段所报资料和各保险公司情况及其所报保险方案，经筛选确定几家有实力的保险公司进行开放式的工程保险招标。

（4）合同条件谈判，签订保险合同。所谓开放式招标，是指工程保险投标开标后，先不确定中标单位，分别与各保险公司进行咨询、谈判，经双方同意，可以调整工程保险合同（保险单）的有关内容。最后择优确定工程保险人，签订保险合同，出具保险单并收取保险费。有必要时业主应邀请工程保险专家进行技术咨询，或直接参与工程保险方案的评判。

（5）保险理赔。当工程项目发生保险责任范围内的损失时，由工程业主或工程施工承包单位提出索赔，保险公司聘请公估人进行理赔。公估人根据现场调查并参考工程施工监理单位的意见后，提出理赔方案，与投保人协商后进行理算，并签订赔偿协议。

（6）保险人赔款及取得代位追偿权，有必要时向责任方追偿。

（7）批改保单：当工程项目因发生保险事件并赔款后或工程项目的风险水平明显增加时，应对工程保险保单进行批改。

（8）保险费结清：当工程项目竣工投产并完全履行保险合同规定的义务时，应按工程项目的实际完成投资和保单确定的保险费率，确定最终应支付的保险费。

六、保险中介在大型调水工程保险中的作用

保险中介是向工程保险买方或卖方提供有关保险价格、保险特性及所要承保标的的危险性等方面的技术咨询，并将保险双方联系在一起，最后达成工程保险契约合同的媒介。保险中介主要包括保险代理人、保险经纪人和保险公估人。此外，为保险公司提供精算服务的精算事务所、进行保险事故调查的机构等也是重要的保险中介。

（1）工程保险代理人，是指根据保险人的委托，向保险人收取代理手续费，并在保险人授权范围内代为办理保险业务的组织或个人。

（2）工程保险经纪人，是指基于投保人的利益，为投保人与保险人订立工程保险合同提供依据、收取佣金的组织或个人。

（3）工程保险公估人，是指根据委托人（保险人或投保人或双方）的委托，为其办理保险标的查勘、鉴定、估损、理算、洽商，并给以证明的保险中介服务机构。

由于大型调水工程项目风险的特殊性和保险人对工程专业知识及工程经验的缺乏，而被保险人对保险的了解一般也很少，保险人和被保险人之间存在着严重的信息不对称问题。保险中介较好地解决了此类问题。

在国际保险市场上，尤其是工业比较发达的国家，工程保险中介市场相当发达，大部分的保险业务是通过保险中介实现的。保险中介机构在保险市场中发挥着不可替代的重要作用。

第四节　大型调水工程风险与保险的关系

一、大型调水工程风险与保险概述

大型调水工程建设过程中存在着来自各方面的风险，风险管理措施有多种方式。工程保险是处理工程风险传统的、有效的、应用普遍的风险控制方法。工程保险的基本作用是分散集中的风险，以小额的保险费来换取巨额损失的经济保障，避免灾难性打击，使工程能够按既定的工程总目标发挥工程投资效益。对大多数工程风险可以通过保险的方式转嫁给保险公司，其他风险可以采用相应的风险管理措施，如风险自留等。工程风险控制大都需要一定的风险成本投入，采用何种风险管理措施，主要取决于风险控制成本和风险带来的可能损失期望值的大小之间的平衡。总之，工程保险是工程风险处理的重要方式之一，工程风险是工程保险的基础，没有工程风险就不存在工程保险，工程风险越大，保险责任就越大。

二、大型调水工程保险承保的风险范围

（一）保险责任

工程承保的风险范围体现在保险责任和除外责任,大型调水工程保险的责任范围一般包括基本责任和特约扩展责任,主要有以下几类:

（1）保险单中列明的自然灾害,主要有地震、海啸、洪水、暴雨、水灾、冻灾、冰雹、地陷、台风、龙卷风、雷电等,以及其他人力不可抗拒的破坏力极强的自然现象。其中地震及洪水风险较大,一般列入基本保险责任之外,或列入基本保险责任之内而另行规定赔偿限额,以便对此类巨灾风险加以控制。

（2）意外事故,指不可预料的以及被保险人无法控制并造成物资损失或人身伤亡的突发事件,主要有火灾、爆炸、物体坠落、人为过失,以及工程原材料和结构缺陷等工程质量风险引起的意外事故等。

（3）保险责任内的风险事故场地清理费用。

（4）第三者责任。

（5）未列入除外责任的其他责任。

（二）除外责任

大型调水工程保险的除外责任主要有如下几类:

（1）财产保险中例行除外责任,如保险人的故意行为和战争、罢工或核污染等所造成的损失。

（2）重大的设计过失引起的损失。

（3）保险标的自然磨损和消耗。

（4）原材料缺陷及工艺不完善造成的本身损失,如换置、修理或矫正所支付的费用。

（5）各种违约罚金及延误工期损失等。

（6）盗窃、抢劫和恶意破坏。

（7）被保险人及其代表的故意或重大过失行为。

（8）其他除外责任。如文件、账簿、票据、货币、图表资料等的损失等。

以下是国家重点工程"南水北调"中线干线某施工段工程与国内某

知名保险公司签订的保险合同中关于建筑安装工程一切险及第三者责任险约定承保的损失赔偿范围,可供关注工程保险的相关投保人参考。

"南水北调"中线干线某施工段工程建筑安装工程一切险及第三者责任险约定承保:

在保险期限终止前,因自然灾害或意外事故造成本保险工程永久工程、临时工程、工程材料、机电设备及安装、金属结构及安装工程、安全监测工程、自动化调度系统工程和部分标段已经完工或交付使用工程等物资毁损或灭失所需重建或修复受损工程的全部费用,以及因保险责任事故引起工地内及邻近区域的第三者人身伤亡(含急救费用)、疾病或财产损失而导致被保险人依法应承担的经济赔偿责任,由保险人负责赔偿。赔偿范围包括(但不限于)下列责任、费用。

1. 保险期限终止前的时间范围

本工程保险期限终止前的时间范围包括:建筑安装工程施工期(包括试通水期、供水设备调试期)、保证期。

2. 临时工程(含临时设施)

工程施工期限内,为实施本工程施工必须投入的临时工程,包括(但不限于):临时施工道路、临时用房、采料场、弃渣场、临时围堰、临时截流导流设施、材料加工厂、构件制造场、桥涵、沟渠、施工设备基础设施、混凝土拌和站以及临时供水、供电、排水、排污系统等。

3. 工程材料(含周转性材料)

工程施工期限内,保险的工程材料以及周转性材料,包括(但不限于):主体工程材料、临时工程材料及周转性材料,如钢筋、水泥、粉煤灰、骨料、外加剂、电焊条、木材、电缆电线、彩钢板、安全网、脚手架、钢模板、帆布、施工排水供水供风管道、需要周转的临时堆放的土石方等。

4. 设计错误(含缺陷)或原材料缺陷或工艺不善引起的损失费用

保险人负责承担因设计错误(或缺陷)或原材料缺陷或工艺不善原因引起意外事故并导致其他保险财产的损失而发生的重置、修理及矫正费用,包括由于上述原因导致的保险财产本身的损失。

5. 地下文物照管、改线费用

（1）本保险扩展承保因为施工遭遇地下文物,文物管理部门要求的维护、照管等行为所发生的额外费用,并相应顺延保险期限。额外费用每次赔偿限额不得超过 300 万元人民币。

（2）附加扩展地下文物改线工程:本保险扩展承保由于施工遭遇地下文物,因国家文物管理部门的强制要求造成工程改线所增加的工程费用,以 1 000 m 为限。

6. 建筑物开裂责任

本保险工程因震动、土壤扰动、土壤支撑不足、地层移动或挡土失败,致使邻近地区第三方房屋、建筑物产生裂缝,经具有相应安全鉴定资格的部门认定该房屋、建筑物损坏程度已影响安全使用的,保险人负责赔偿恢复房屋、建筑物原状所发生的修复费用,并承担其鉴定费用。

但被保险人在施工开始之前,应采取一切必要安全措施以防止邻屋的裂缝或倒塌,并经常检查其安全状况,发现邻屋发生裂缝或安全设施移动、软弱或其他异状,需要对施工工程本身及其邻屋采取必要的安全防护及加强措施,以防事故发生或扩大。

7. 第三者在部分已完工程范围内发生的人身伤亡或财产损失

在全线工程尚未完工前,部分已完工或交付使用工程,因被保险人看管过错或过失造成第三者在部分已完工或交付使用工程范围内的财产损失以及伤残死亡而导致被保险人依法应承担的经济赔偿责任,由保险人承担保险赔偿责任。

但被保险人应保证:上述工程范围内必须有人看护或看管人员值班。

每次事故赔偿限额为 3.5 亿元人民币(包括财产损失与人身伤残死亡以及诉讼费用),其中:人身伤残死亡每人每次事故赔偿限额 35 万元人民币。每次事故财产损失免赔额为 1 万元人民币;人身伤残伤亡无免赔额。保险期内无累计赔偿限额。

责任到工程全部完工时止。

8. 浸润损失责任

保险人负责赔偿因遭受三天以上连续或不连续降雨的浸润导致保险工程滑坡、塌方等所发生的修复费用。

第三章　大型调水工程风险识别

大型调水工程建设中的风险一般具有三个属性：①随机性。其表现为风险发生的时间、持续时间和风险后果的随机性。②复杂性。工程项目内部和外部存在着太多的干扰因素，如自然因素、经济因素、技术因素、社会政治因素及人的行为因素等，并且各工程段之间都有一定的差别和矛盾，决定了风险识别分析范围的广泛性和目标的复杂性。③变动性。通过项目的实施和各种因素的变化，风险随工程进展和各种因素的变化而变化或转化。

风险识别(Risk Identification)是指对尚未发生的潜在的及客观存在的各种风险进行系统的、连续的预测、识别、推断和归纳，并分析产生风险事故原因的过程。风险识别是整个风险分析管理过程中最基本、最重要的环节。

大型调水工程项目风险的属性决定了风险识别的复杂性和难度，应充分利用风险管理理论中提出的多种风险识别方法，从不同角度认识风险的存在、产生的原因及存在条件，以及损失发生后可能带来的后果严重程度。要充分利用现在的有关资料和有实际工程经验的人员所掌握的信息，来达到风险识别的目的，以节省物力、人力和时间。

第一节　大型调水工程风险的识别方法

大型调水工程涉及千家万户甚至国计民生，都必须按国家基本建设管理程序经过可行性研究、初步设计、国家有关部门审批、技术咨询和施工图设计等。在此过程中，形成的一整套技术资料及工程建设中执行的相应的技术标准、规范等都可用于工程风险识别的参考。其中，工程勘测文件、工程设计说明文件、主管部门的技术审查意见或技术咨询文件、《水利水电工程施工合同和招标文件示范文本》中有关的技术条款、工程承包合同文件(主要是承包方式、工程变更、合同变更等条款)等,对风险调查识别、检查遗漏、启发思考都有一定的作用。

风险识别的方法很多,如保险调查法、保单对照法、资产—损失分析法、系统风险分析问卷法、专家调查法、工程类比法、资料分析法、流程图分析法、环境因素分析法等。采用何种方法主要取决于风险识别目的、风险类别及项目特点等。大型调水工程风险范围的广泛性、目标的复杂性和多层次性的特点,决定了在进行风险识别时,一般采用多种有效方法分别进行识别,然后进行汇总、综合,以达到风险识别的完整、系统及准确。尤其在我国,大型调水工程项目风险管理研究很少,没有可以参考或直接采用的风险分析资料,主要采用以下几种识别方法。

一、系统风险分析问卷法

系统风险分析问卷法又称风险因素分析调查表法,是以系统论的观点和方法去识别工程项目所面临的风险。根据问卷,对人、机、材料、工艺、环境等各方面,向主要管理人员和技术人员询问,以提供有价值的信息,一般要求回答如下问题:①风险所在;②损失时机;③可能的损失原因;④可能的损失数量;⑤损失估计的可靠度;⑥损失频率估计;⑦控制风险建议。

二、专家调查法

专家调查法又分为德尔菲法和头脑风暴法。德尔菲法是著名的咨询机构——兰德公司于 20 世纪 50 年代初提出的,是一种能够集中众人智慧的方法。其程序是:①把具有特定形式的、非常明确的、用笔和纸可以回答的问题,以通信的方式寄给大家,或在某种会议上发给大家,但参加者不能面对面;②问题条目可由问题研究的领导者、参加者或双方确定;③问询分两轮或多轮进行;④每次反复都带有对每一条目的统计反馈,包括中位值及一些具有离散度的统计数据,有时要提供全部回答概率分布;⑤回答在四分点之外的回答者可以被请求更正其回答,或陈述其理由,每次反复皆可提供必要的信息反馈;⑥随着每次反复所获得的信息量越来越少,可由主持人决定在某一点停止反复。

头脑风暴法是美国人奥斯本于 1939 年首创的，是一种刺激创造性、产生新思想的技术。简单地说，就是根据企业风险预测和识别的目的与要求，邀请数十位专家组成专家小组，通过会议形式，采用民主的方式，让专家畅所欲言，最后综合专家的意见，作出判断，得出结论。专家集中讨论的问题有：如果从事这项活动会遇到哪些风险？其风险程度如何？专家小组应由风险分析专家、风险管理专家、风险经理、各领域的专家组成。各专家应具有较强的逻辑思维能力和概括能力。该方法较适合讨论那些较直接的、目标较明确的风险问题及可能引起风险的各种决策和方案。

三、流程图分析法

将工程项目活动按步骤或阶段顺序，以若干个模块形式，组成一个流程图系列，每个模块都标出各种潜在的风险或不利因素，分析可能产生的损失及对整个项目产生的不利影响。

四、项目检查表分析法

在我国大型调水工程建设管理中，形成了较系统的各种检查表，如工程质量检查表、工程进度检查表、工程安全文明施工检查表及工程按设计、施工、监理的招标、投标评标打分表等。利用这些有关的检查，找出可能存在的各种风险因素，然后通过提问的方式分析各种风险因素可能造成的损失后果。

大型调水工程项目风险识别一般是通过风险调查及信息分析、专家咨询及试验论证等手段，收集有关信息资料并进行信息整理加工，对项目风险结构进行多维分解，从而确定影响项目目标因素的不确定性的存在及可能的损失后果，进行风险分类，确定风险清单的过程。

第二节　大型调水工程中的风险

风险就是潜在的危险，是一定空间和时间中产生的危害与造成损失的可能性及不确定性。工程实施阶段往往存在着这样或那样的风险,这些风险可能造成工程受损或人员伤害,使工程进展受到不同程度的影响。尤其是较大的自然灾害、安全质量事故或严重设计错误所造成的损失,对于一般业主来讲是难以承受的,甚至可能迫使工程下马,或导致企业破产。

大型调水工程建设中存在的风险主要是工程实施阶段的风险。因为在可行性研究、初步设计、施工图设计中的风险大多只能在工程实施阶段才会表现出来,所以大型调水工程建设中存在的风险主要集中体现在工程实施阶段,具体包括以下几方面。

一、自然灾害

当地球上的自然变异强度(包括人类与生物活动的诱发作用引起的自然变异)给人类的生存和物质文明建设带来严重的危害时,这种变异就叫自然灾害。我国的自然灾害种类繁多,性质复杂,造成的损失极其严重,如1976年唐山地震造成的损失达50亿元,1981年四川洪水灾害造成的损失达25亿元,2008年四川汶川大地震造成的损失更加惨重,仅经济损失就数以百亿计。对于某个工程来讲,由于工程实施阶段建筑物结构处在相对最软弱、承受外界影响能力较低的时期,当遇到地震、泥石流、洪水等严重自然灾害时,将受到毁灭性的破坏。

二、恶劣或不良现场条件

场地条件包括的范围较广,主要有工程所在地域范围内的地形、地貌、地质、水文,以及影响工程建设的交通、建筑材料、生产与生活的水电供应、周边社会环境等。恶劣或不良场地条件风险主要来自于没有相应的防范措施或措施不力。如没有估计到地质灾害,恶劣的地形、地貌条件和周边建筑物、地下管线、易燃易爆物等给工程建设带来的负面影响与制约,而事实上这些恶劣的现场自然条件,正是导致建筑物基础、主体结构破坏或建筑物构件裂缝或断裂、局部倾斜、滑坡、塌方、突然塌陷、严重漏水等严重后果的主要原因。场地条件风险是大型调水工程建设过程中的主要风险之一,加强设计、施工现场勘察是避免或减少场地条件风险的主要措施之一。

三、经济风险

经济风险包括市场物价不正常上涨、资金筹措困难、通货膨胀和宏观经济环境不利等，使工程进度、质量安全受到严重影响。

四、社会政治风险

社会政治风险包括战争和动乱、罢工、政变、社会治安混乱、社会风气败坏、以权谋私、贪污腐化、文化素质低下等。除文化素质低下引起的人为差错风险和社会风气败坏引起的道德风险外，保险责任范围不包括战争、动乱、罢工、政变、以权谋私、贪污腐败等政治因素引起的工程风险。对于社会治安混乱，如盗窃和其他社会问题间接引起的工程风险，可特别约定进入保险责任范围内。

五、技术风险

在工程规划、设计、施工中所采用的工程技术存在着理论与实际的差别，存在着不同的工程技术人员对同一事物的不同认识，其结果是有些工程或工程的部分达不到标准要求，甚至某些技术标准也存在不妥之处而可能造成意外事故使工程受损甚至导致人员伤亡，尤其是遇到使用错误的设计和错误的施工工艺、施工技术措施或操作失误等时，可能造成严重的工程质量安全事故。工程技术是人、机、物共同作用的结果。因此，技术风险包括的范围也比较广泛，除上述人为的技术风险外，还有设备技术风险和物质技术风险，如工程质量检测方法与检测设施，施工设备选型、使用与维护，建筑材料的选用和质量，防火、防爆、防毒的技术措施，高空作业的安全防范措施，冬季、雨季、酷暑期间施工的技术防护措施等。

六、管理风险

管理是指同别人一起或通过别人使活动完成得更有效的过程，管理职能可以概括为计划、组织、领导和控制，包括培训、指导和决策等。工程管理风险主要是人的行为风险，本书将此类风险分解为工程承包商(施工单位)的风险、设计工程师的风险、监理工程师的风险和工程业主与政府主管部门的行为风险等。

第三节　大型调水工程主要建筑结构风险识别

　　大型调水工程是由一系列不同水利工程建筑物沿输水线路布置的群体工程项目,其范围几乎包括了所有(除水电站)水利工程建筑类型。组成调水工程的建筑物,有些结构单一,有些则结构比较复杂,甚至由不同性质的建筑结构组成。如抽水泵站,一般由引水渠、进水池、进水闸、泵站厂房、出水管、出水闸、出水池及消能设施等组成。引水渠一般自然开挖土石边坡或混凝土或砌块边坡;出水管一般为混凝土薄壁结构;泵站厂房水下部分大多为大体积混凝土,水上部分为梁、板、柱结构。此外,不同的建筑物由于建筑结构、材料、施工方法、设计标准、施工场地条件不同,因此其风险特征也存在着显著差别。在承保调水工程保险的实践中,应对具体工程项目进行风险识别、分析,对于某些建筑物的特殊风险也应制定相对应的承保条件,这也是大型调水工程保险实行"约定现开保单"的主要原因之一。

　　调水工程建筑物按其性质,可分为永久建筑物和临时建筑物,与其他建筑工程不同的是,有些临时建筑物如导流隧洞、河道等水域内的土石围堰、易燃易爆物品仓库、混凝土拌和楼系统及临时加工厂、材料堆放场、大型施工作业平台(如栈桥、施工缆索)等,将严重影响工程建设的实施。这些临时建筑物一般较永久建筑物设计标准相应偏低,施工技术管理人员对此往往不够重视,不可控的危险因素较多,属高风险建筑结构物,是大型调水工程风险的重要组成部分。

　　调水工程建筑物按结构和功能不同可分为:
* 挡水建筑物,如拦河坝、拦河闸、船闸等。
* 输水或泄洪建筑物,如输水隧洞、输水管道、箱涵、溢流堰等。
* 渠系建筑物,如水闸、渡槽、涵洞、倒虹吸、渠道等。
* 取水建筑物,如抽水泵站等。

- 堤防。

以上这些调水工程建筑物虽然在结构形式、使用功能和建造材料上有所差别，但是其施工过程是基本相同的，如果将这些建筑物划分为土石结构和钢筋混凝土结构两类，则这两类结构虽然结构形式、外形尺寸、施工措施、方法各异，但总体上，其施工机具、施工人员甚至施工技术工艺都大同小异。因此，作者将调水工程建筑物划分为两种典型的建筑结构，即土石工程和水工钢筋混凝土工程。风险相对较大的大型调水工程结构或构造物主要包括截流及土石围堰、输水隧洞、防渗墙及灌注桩、预应力混凝土薄壳结构、深基坑和高填方渠道工程等。

前已述及，大型调水工程实施过程中可能遇到的风险多种多样，也比较复杂，因此风险评估不可能面面俱到，一一进行调查分析。事实上，在大型调水工程的实施过程中，对工程影响较大的风险只是少数，而大部分风险出现的概率也相对较小或引起的工程损失微不足道。正如巴雷托决策方法的创造者德鲁克所讲的，"在社会现象中，少数事故（10%～20%）对结果有90%的决定作用，而大部分事故只对结果有10%以下的决定作用"，即"关键的少数与次要的多数"原理，也就是"许多事故中的少数事故带来的损失占总损失的大部分"的法则。因此，在对大型调水工程风险进行评估时，应抓住少数的高风险的建筑结构或主要的风险因素。大型调水工程实施过程中，风险较大的建筑结构或因素主要有以下几项。

一、土方工程

大型调水工程中，土方开挖及土方填筑工程所占的工程量是比较大的，发生风险的可能性也比较大、事故多。一般来讲，其风险损失较小。但是，对于高切坡开挖、特殊地基、地貌条件下的土方开挖、大坝与高填方的堤防土方填筑、软基建筑物回填等都存在较大风险的可能性，而且后果严重。

（一）土方工程主要风险源

土方工程主要风险源包括：

（1）自然条件。如地质、水文地质、地形地貌、气候等。

（2）结构特征。如开挖深度、开挖或填筑坡度、填筑高度等。

（3）施工因素。排水方法、施工方法、边坡防滑防塌方等技术措施等。

（4）周边环境。周边建筑物（构筑物）、地下管线、文物古墓等。

（二）土方工程主要风险事故

土方工程主要风险事故有：

（1）滑坡、塌方（开挖坡、填筑坡）。后果是人员伤亡、施工设施及设备受损，滑坡、塌方处理增加工作量和工程成本。

（2）流砂（建筑物开挖基坑）。后果是土体流失，操作难度大，影响施工进度，危及基坑或边坡安全，增加排水设施及处理流砂工作量，加大工程成本。

（3）地基扰动。后果是降低地基承载力，导致基础不稳定，增加工程量和成本。

（4）土方填筑超标沉陷。超标沉陷一般是指填筑质量不能满足设计及技术规范要求，结果是降低建筑物高程、防渗性能差、填筑土体裂缝、承载力低、埋入土体内的管线结构破坏、引起建筑物变形和缝裂等。

二、水工钢筋混凝土工程

水工钢筋混凝土工程主要分为现浇混凝土、预制混凝土和预应力混凝土、碾压混凝土。

钢筋混凝土工程风险主要为工程质量与安全风险，风险因素主要包括：施工方法、施工设备；混凝土原材料及混凝土拌和、运输、浇筑成型施工工艺等；钢筋及其安装；模板支撑及其安装与环境条件（如大雨、大风、高温、冰冻等）。预应力混凝土还受构件预应力质量的影响。

（一）现浇混凝土

现浇混凝土主要风险事故有：

（1）混凝土裂缝。混凝土裂缝较普遍，有些裂缝是正常的或结构功能允许的，不需要进行处理；有些裂缝则是结构破坏的前兆，而裂缝出现的原因很多，且较为复杂。根据裂缝的成因，混凝土结构裂缝一般分为沉降裂缝、收缩裂缝、温度裂缝和变形裂缝等。造成裂缝的原因主要有以下几种:建筑物地基不均匀沉陷(沉陷裂缝);混凝土养护不良而造成表面收缩不均匀(网状裂缝或龟裂);新浇筑的混凝土结构在未达到设计强度以前就承受荷重或遭遇重物碰撞,早期受震;因下部支撑结构刚度不足发生变形和位移(变形裂缝)。此外,材料质量、拆模过早、设计失误及施工缝处理不当或处理质量差等,都能引起混凝土裂缝的发生。

大体积混凝土的一个显著特点就是在硬化过程中内部产生大量的水化热,如何降低混凝土水化热或通过技术措施降低混凝土浇筑块间、内外浇筑层间的温度差,以减少附加温度应力,避免产生混凝土裂缝是控制大体积混凝土工程质量风险的重要内容之一。与此同时,大体积混凝土施工还应严格监控气温突降,认真做好对原材料和混凝土拌和温度的检测工作,夏季、冬季浇筑混凝土时要采取切实可行的温控措施,加强降温、散热和保温、防冻等技术措施,严格限制混凝土结构内外温差不大于 25 ℃。此外,对大体积混凝土或大构件混凝土,还要注意避免混凝土受岩石基础等刚性结构约束时因混凝土收缩而产生严重裂缝。

裂缝是否需要处理,主要取决于裂缝对结构的强度、刚度和使用功能(如防渗)是否有不可忽视的影响。裂缝的特征主要包括:

- 裂缝位置与分布。
- 裂缝方向与形状。
- 裂缝宽度、长度和深度。
- 裂缝开裂时间及发展变化情况。
- 其他特征:碎裂、剥离、漏水析盐、污垢等。

(2)混凝土强度低,不能满足防渗要求。其主要原因有:混凝土拌和计量设备有误,原材料质量差(包括混凝土拌和用水和外加剂等),混凝土配合比不当或施工中任意改变配合比,混凝土施工工艺及措施(拌和运输、入仓、浇筑顺序、分层、分块、振捣、养护等)不符合技术规范要求等。对防渗有影响的还有施工缝设置不当或在浇筑过程中出现冷缝等。

(3)有关试验数据无代表性或出现差错。其主要原因有:试验设备及试验计量仪器未经检测校正导致试测数据有误,试验人员未经培训考核无证上岗,缺乏专业技能,操作有误,管理不善,试验环境条件不能满足施工要求。

(4)蜂窝、空洞、缝隙及夹层、缺损掉角等施工质量通病。产生质量通病的主要原因有如下几项。

①蜂窝。施工中,常把未被水泥砂浆包裹填实的石子聚集成的局部地方叫做蜂窝。蜂窝形成的直接原因是混凝土在浇筑过程中漏振或欠振。断面狭长窄小和钢筋稠密的结构,振捣棒操作较困难的部位,往往因为漏振或欠振,加上卸料不均,混凝土产生离析,以及混凝土坍落度过小等,都容易出现蜂窝。

②空洞。混凝土的空洞与蜂窝不同,蜂窝的特征是存在于未捣实的混凝土或是缺水泥浆的混凝土中,而空洞却是局部或全部没有混凝土。下料时因骨料与水泥浆分离,混凝土在钢筋稠密处发生局部架空现象。空洞的尺寸常比较大,以至于钢筋全部裸露,造成建筑物结构内部断缺贯通和结构整体性的损坏。

空洞产生的原因或是混凝土稠度选择不当(坍落度过小);或是配比失调,粗细骨料级配不良,砂率过小,在钢筋稠密处,混凝土往往被卡住和堵塞,造成模板仓内混凝土失去流动性;或是浇筑混凝土时漏振或欠振,接着又继续下料浇筑第二层混凝土,将空洞掩盖形成空洞隐患。

③缝隙及夹层。缝隙及夹层是指在混凝土结构中存在松散的混凝土层及杂物残渣层。主要原因是开仓浇筑混凝土前忽略了施工缝的处理;仓底面或施工缝处存积有干砂浆、泥土、杂物等,未清除干净便进行浇筑;或因下料太高,仓底及施工缝内未能预先铺垫 2~3 cm 厚的水泥砂浆层,导致石子集中散落聚集在一个面上而形成缝隙及夹层。

④缺损掉角。缺损掉角是指施工中对建筑物成品保护不力,防护不当,在拆模过程中由于锤、钎碰撞或拆模过早造成。

(二)预制混凝土

预制混凝土一般在工厂或专门场地施工,具有构件大量、作业重复、构件体积相对较小等特点,出现质量问题相对较少,关键取决于施工管理(体制、资质、业绩、素质、制度、措施)和设备(施工设备及质量测试仪器设备)、工艺等,但在构件吊运过程中存在风险。

三、预应力混凝土

预应力混凝土的制作分先张法和后张法。先张法一般在工厂或专门场地施工后装配,后张法混凝土施工一般同于现浇混凝土在结构现场施工。

(一)先张法

先张法预应力混凝土施工风险与预制混凝土相同,预应力张拉主要存在如下风险事故:

(1)锚具质量问题引起连接断裂、钢筋滑脱、夹片失效、预应力钢筋内缩量大、锚具滑脱。主要风险源有锚具加工精度不够、锚具材料缺陷或材料质量差、安装操作不当或使用不当、锚具强度或钢材硬度不够、锚具型号选取不当。

(2)预应力钢筋强度、冷弯性能达不到设计要求,甚至引起张拉过程中或张拉后断裂。

(3)钢筋锚具区混凝土裂缝(一般由劈裂张拉力引起)产生的主要原因包括混凝土强度低、端部尺寸不够或钢筋配置不足或张拉力超过规定值过多。

(4)预应力达不到设计要求:除锚具质量引起的预应力达不到设计要求和材料自身问题等原因外,还有张拉操作或仪器问题所实施的预应力大于或小于设计允许范围。

(5)张拉力的实施所引起的不正常裂缝。主要原因包括在各种状态下受力不同、受力复杂,而设计疏忽或认识不足。

(6)预应力放张时钢筋滑动。原因是混凝土黏结力不够或钢筋表面油污或操作不当等。

(7)构件翘曲,台面不平,预应力混凝土位置不准,混凝土预制构件不能满足设计要求,质量差。

(二)后张法

后张法混凝土制作部分与普通混凝土浇筑相同,预应力同先张法,另增风险有如下两项。

（1）张拉时混凝土强度不足。混凝土没达到规定强度或混凝土质量问题引起局部破坏或裂缝。

（2）预留孔道及灌浆。灌浆不实、强度低,原因是材料选用和混凝土配合比及操作工艺不当。

四、截流及土石围堰风险

截流难度指标有流量、落差、流速、单宽流量、单宽水流能量。截流及土石围堰工程一般为临时工程,根据我国水利工程承包合同范本,一般按总价承包,风险主要由承包商承担。截流工程可变因素较多,而截流计算模型与实际都有一定的差别,其可预见性相对较差,并且与围堰工程一样都属于临时工程,一般设计标准较低、施工质量较差。当发生超标准风险事故时,施工单位可以依据合同进行索赔。一般围堰出现事故对工程影响和造成的损失都比较大,因此截流与围堰工程风险相对较大,属高风险水工建筑。主要风险事件有:

（1）设计及技术参数估计不足,龙口难以封堵,而围堰填筑料白白流失,龙口下游冲刷严重,加大填筑料对围堰安全不利(稳定性及渗漏)。

（2）洪水超标造成漫顶,引起土石围堰失事。

（3）渗透、堰体失稳滑坡对土石围堰安全造成威胁。

（4）分期导流,洪水冲刷围堰造成堰体失稳,同时增加上下游及两岸的防护工作量。

五、输水隧洞

输水隧洞工程主要由隧洞开挖、混凝土衬砌及其相关结构的施工构成,风险较大,最主要的风险来自于隧洞开挖中围岩性状变化的不确定性。隧洞开挖受地质条件、施工作业环境和爆破作业的工艺影响较大,而地质条件较差或较复杂,将产生较多的不可预知的风险事件。因此,输水隧洞工程属高风险水工建筑。主要风险事件有:

（1）隧洞开挖塌方。

（2）隧洞开挖涌水。

（3）隧洞开挖中的有毒气体或可燃气体爆炸。

（4）衬砌混凝土质量低劣。

六、防渗墙及混凝土灌注桩

防渗墙及混凝土灌注桩为地下隐蔽工程，主要包括造孔（槽）及水下（地下）混凝土施工等作业工序，风险较大，主要来自于造孔（槽）中的终孔（槽）地层、地质岩性（对防渗墙及端承桩）的不确定性及混凝土工程的隐蔽性。一般一根桩为一个施工单元，事故处理费用较小。主要风险因素有：

（1）由设计勘察资料推断出的技术参数代表性的不确定性。

（2）钻孔塌孔、较大孔位偏斜、桩身垂直度误差超标。

（3）桩（槽）底地层或岩性不满足设计要求。

（4）混凝土缺陷检测的精度及代表性不足。断桩、吊脚桩、夹泥、混凝土强度低、缩径、严重蜂窝、连续气孔、淤泥软基等塑性土的蠕动、膨胀等。

（5）短桩（槽），即桩长未达到设计要求（道德风险）。

七、预应力混凝土薄壳渡槽及地埋大直径预应力混凝土管

预应力混凝土薄壳结构施工难度较大，工艺要求较高，结构受力计算模型复杂，除普通预应力混凝土工程的风险外，还有：

（1）槽身施工过程中，模板支撑结构（包括支撑基础）强度不足、失稳等。

（2）伸缩缝、结构缝止水漏水。

（3）混凝土密实性差、槽身裂缝等引起的混凝土槽身漏水和严重渗水。

（4）基础承载力不满足设计要求引起的结构破坏。

（5）结构设计的不合理性和受力计算模型的不准确性引起的风险。

八、深基坑

深基坑质量的影响因素较多,风险较大,主要来自于地质及水文地质条件的不确定性及勘察设计中所取用参数的无代表性。软基或地质复杂的深基坑支护理论尚不成熟,并且受地质条件多变性的影响,深基坑属高风险结构。风险事件主要包括:

(1)流砂、涌水、淤泥、老河床等。

(2)坑壁塌方、支撑破坏。

(3)邻近建筑物裂缝、倾斜及地下未知管线破坏。

九、渠道工程

渠道工程结构及施工工艺比较简单。但土方填筑部分由于影响质量的可变因素较多,其风险相对较大。来自于土方开挖或填筑质量的主要风险有:

(1)滑坡。

(2)渗漏。

(3)管涌垮堤。

(4)严重裂缝。

十、混凝土模板支撑及脚手架

混凝土模板支撑及脚手架均属临时工程,具有形式多样、结构复杂、高空作业、大跨度承重等特点。其中,输水压力洞、地下厂房及大型渡槽工程等风险较大。据统计,模板支撑及脚手架事故或与其相关的事故占全部工程事故的30%以上。高空坠落事故大多是由脚手架的失稳和质量管理问题所造成的,高空坠落是引起第三者安全事故的主要原因。

(一)主要风险源

主要风险源包括:

(1)材料质量欠缺。

(2)搭设不牢固。

（3）维护及操作不到位。

（4）设计结构安全系数偏小。

（5）自然原因，如大风、雷击等。

（二）主要风险事故

主要风险事故包括：

（1）整体垮塌。

（2）局部塌落。

（3）高空坠落。

（4）模板变形危及建筑结构安全等。

第四节　大型调水工程保险责任
范围内的风险分类

　　风险识别是具有目的的工程风险管理活动的基础，除要对风险进行真伪辨析外，还应分清主要风险和次要风险，针对风险分析的不同目的进行分类取舍，以便抓住主要矛盾，简化风险分析、评价的工作量，提出相对简单、易行、有效的风险处理方式和风险防范措施。

　　关于工程项目的风险分类研究是目前工程风险管理理论研究的热点，也是进行风险分析的基础。工程风险分析最主要的困难是科学、合理并能全面反映工程风险规律的数学模型的建立。国外很多学者一直都在试图通过风险分类研究来求得风险分析数学模型建立的突破。如1985 年 Rerry 和 Hayes 试图对基于建设项目的主要风险源来进行工程风险分类，按承包商、业主和咨询各方应承担的风险列出风险因素；Cooper 和 Chapmen 在 1987 年按风险特性将工程风险分为技术风险和非技术风险。他们都是从不同的角度、不同的侧面来研究工程风险的。

　　根据前面对大型调水工程保险范围内的风险情况分析，大型调水工程的各种建筑结构或分项工程都有各自的风险特征，各种可能发生的风险事故比较多。如果要对每一种风险都进行分析评估，必将需要大量的人力、物力，并且各种风险因素相互影响，使风险评估等更加复杂，有必要将诸多风险因素进行归并聚类，以便于分析研究。本书根据以上大型调水工程风险特征的分析研究,为合理确定工程项目保险费率而进行风险评估,将大型调水工程保险责任范围的风险进行了归并分类:一是人为差错风险,即与人的行为能力大小有关的风险,如设计错误、决策失误、施工作业失误操作等;二是由于工程项目建设活动本身的因素而产生的风险,即属于项目局域性风险,如开挖边坡滑坡、建筑物不均匀沉降、裂缝、倒塌等;三是不受工程项目本身的建设活动影响的风险,即属于区域性的风险,如地震(除人为引发地震)、洪水(除工程建筑物邻近行洪、滞洪、水道等水域影响的洪水)、战争、经济危机等。因此,本书将大型调水工程项目的风险因素作如下划分。

一、人的行为能力因素

工程项目活动是人的群体的有目的活动,其活动成果取决于群体整体综合能力,包括人的知识、技术、组织、协商、管理、生理、心理、社会道德等多种因素。工程项目建设人的行为能力因素既包括工程承包商,也包括工程设计、建设监理、业主和政府的管理组织及工程项目的科研、技术咨询等。人的行为能力因素引起的风险称为人为差错风险。

二、项目局域性自然物质因素

因工程项目建设活动而影响其周边自然因素或受其周边自然因素影响或工程项目本身产生的风险因素,如开挖边坡滑坡、隧洞开挖塌方、临时围堰受洪水影响而溃决、建筑物倾斜、裂缝、坍塌等。其风险事故产生主要受人的行为能力因素和自然物质因素,以及人们对自然认识程度的影响;风险事故的发展有时很难区分是人的因素还是自然客观的因素,或是人的行为能力因素与自然物质共同作用的结果。项目局域性自然物质因素是剔除人的行为能力因素后的项目建设运动区域内自然物质因素。项目局域性自然物质因素引起的风险称为项目局域性风险。

三、项目区域性自然因素

项目区域性自然因素是指不因工程项目建设活动而产生的工程项

目风险因素,如地震、台风、区域洪水、泥石流等。这些风险因素在区域上都具有一定的规律性或可预测性,具有区域特征。项目区域性自然因素引起的风险称为项目区域性风险。

第四章 大型调水工程风险评估和保险费率的确定

第一节 大型调水工程风险评估概述

一、风险量度

风险量度是指在对过去损失资料分析的基础上,运用概率论和数理统计的方法,对风险事故发生的概率(或频数)及风险事故发生后所造成的损失的严重程度作出定量分析,从而预测出较精确并满足一定规律的结果的过程。

风险的大小用风险量来表达,风险量是风险发生的概率和风险发生后的损失严重性的综合结果,表达式为

$$R = \sum R_i = \sum (P_i \times L_i) \tag{4-1}$$

式中　　R——风险量;

R_i——每一风险因素引起的风险量;

P_i——每一风险发生的概率;

L_i——每一风险发生潜在的损失后果。

在风险分析过程中,衡量项目风险概率的方法有两种,即相对比较法和概率分布法。

相对比较法是由美国风险管理专家 Richard Prouty 提出的,风险概率被定义为一种风险事件最可能发生的概率,可用模糊的概念表示如下(根据不同情况有不同的表示方式):

- "几乎是零",风险事件不会发生。
- "很小的",风险事件发生的可能性较小。
- "中等的",风险事件偶尔发生,并能预期将来有时会发生。

●"一定的",风险事件一直有规律地发生,并能预期未来也是有规律地发生。

同时,根据风险导致的损失大小可将相对划分成重大损失、中等损失和轻度损失(根据不同情况有不同的划分方式)。

概率分布法是通过损失量的概率分布来衡量项目风险的大小,适用于一般有充分数据或经验积累的项目风险的衡量。

二、大型调水工程风险评估概念

通过大型调水工程风险识别,充分揭示了工程项目实施过程中所面临的各种主要的工程风险和风险因素。通过风险量度,可以确定风险发生的概率和损失的严重程度。确定何种风险为主要风险,以及工程项目的总体风险等级大小,是大型调水工程风险评估的主要任务,而风险评估的目的在于规范和指导人们的行为,使工程管理人员合理有效地管理大型调水工程风险,确保工程总目标的顺利实现。

大型调水工程风险评估是指在大型调水工程风险识别的基础上,按各工程段的风险特征划分风险评估单位,预测各种风险因素对工程损失大小的影响程度,进行风险排序,找出各风险评估单位中的主要风险及其风险因素,并对整个工程项目的风险等级作出判断,为风险管理决策提供依据。

本书研究风险评估的目的是合理确定大型调水工程保险方案中的保险费率,研究的重点是大型调水工程风险识别、评估,并将风险评估的成果应用于工程项目保险方案中保险费率的确定上。

三、大型调水工程风险评估的内容和作用

(一)大型调水工程风险评估的主要内容

(1)工程风险的动态识别。大型调水工程风险识别是风险评估的基础,只有全面揭示工程实施阶段所面临的各种风险和风险因素,才能较为准确地进行风险评估。但是,大型调水工程中有些风险将随着工程的进展和工程建设中有关人员、机械设备、物质、环境等的变化发生

变化。因此,风险识别是一个不断循环的过程,要不断发现已变化了的新的主要风险,及时作出合理评价,采取正确的风险处理技术,确保工程建设总目标的顺利实现。

（2）风险分类及评估模型的建立。由于大型调水工程风险因素繁多,并且相互影响和相互作用,要确定一个科学合理的风险评估模型,工程风险分类就变得非常重要。本书将工程保险责任范围的大型调水工程风险分为三类,即人为差错风险、项目局域性特有风险和项目区域性风险,在此基础上建立了基于层次分析法的风险评估模型。

（3）风险排序及综合评价。通过对风险的分析计算,确定何种风险为主要风险及其风险因素,并将根据大量的工程实践经验总结出来的安全标准作为综合评价的基准,对整个工程项目的风险进行综合评价,然后决定是否需要采取降低风险的措施和采取何种措施。但应指出的是,降低风险一般需要一定的投入,降低风险的过程一般是投入逐步增加的过程。因此,风险降低到何种程度是由工程项目具体能接受的水平所决定的。

（二）大型调水工程风险评估的主要作用

（1）通过风险评估可以找出主要风险及其风险因素,对采取相应的风险管理措施、减少风险事故发生,尤其是防止重大恶性事故的发生,具有重要意义。

（2）风险评估是大型调水工程风险管理决策的基础。工程风险控制要付出一定的经济代价,随着风险程度的降低,所付出的代价增大,并且不同的风险有不同的风险特征,有些风险,如工程质量,可以通过工程技术和管理措施来降低风险,也可以在加强技术和管理降低风险的基础上通过工程保险将风险转移给保险公司。采用何种方式来处理风险,主要由工程风险责任者利益最大原则所决定。

（3）风险评估是合理确定大型调水工程保险费率的基础。工程风险责任者通过工程保险的形式,将风险转嫁给保险公司,并支付一定的保险费。保险费的多少通过风险评估来衡量风险程度或风险等级,由保险责任和风险的大小来确定。

四、大型调水工程风险评估的程序

在工程实践中,风险评估的过程与风险识别的过程并不是分开的,划分只是逻辑上的需要。由于大型调水工程是沿输水线路布置的群体工程项目,各工程段的风险受建筑物类型及地质、环境等因素的影响较大,在风险评估程序上与其他工程风险评估有所不同,其主要程序如下:

(1)划分风险评估单位。在风险识别的基础上,进行定性聚类分析,按照各工程段建筑物类型及风险特征进行评估单位的划分。

(2)采集数据。在风险识别分类的基础上,根据风险分析目的,采集与所要分析的风险相关的各种数据,尤其是类似工程的历史数据。在某些情况下,直接的历史数据资料还不够充分,尚需通过专家调查方法获得具有经验性和专业知识的主观评价。

(3)建立不确定性风险评估模型。在建立大型调水工程风险评估模型中,应根据已经收集到的有关风险信息,重点考虑对工程目标的实现影响最大的风险特征和各风险因素之间的内在联系,以及风险评估的目的,选取使风险发生的可能性和可能的风险后果合理量化的计算模型。

(4)确定风险评价标准,综合进行风险分析评价。大型调水工程风险评价标准往往不是单一标准,而是取决于不同工程段的主要矛盾,可能以工期为主要标准,也可能以费用为主要标准,或综合考虑工期与费用标准,也可能会考虑安全、环境标准或其他标准等。在确定风险评价标准时,还应充分考虑不同的风险责任者的承受能力,将各种风险的影响与风险评价标准进行比较,得出风险评估结论,为风险管理提供决策依据。

受研究目的和篇幅限制,本书研究风险的目的是合理确定大型调水工程保险方案中的保险费率,保险费率的确定应依据特定工程项目的风险大小。因此,本书研究的重点是大型调水工程风险识别、评估和工程项目保险方案中的保险费率的确定方法,而对以风险管理为目的的工程风险分析评价论述较少。

第二节 基于层次分析法的大型
调水工程风险评估

一、层次分析法与采用理由

(一)层次分析法基本概念

层次分析法又称 AHP(Analytic Hierarchy Process)法,是美国运筹学家萨蒂(T. Saaty)提出的一种多目标、多准则的决策分析方法。该方法被广泛用于工程、经济、军事、政治、外交等领域,解决了诸如系统评价、资源分配、价格预测、项目选择等许多重要问题,是一种定量分析与定性分析相结合的有效方法。用层次分析法作决策分析,首先要把问题层次化。根据问题的性质和要达到的总目标,将问题分解为不同的组成因素,并按照因素间的相互影响及隶属关系,将因素按照不同层次聚集组合,形成一个多层次的结构模型。最终把系统分析归结为最低层(如决策方案)相对于最高层(总目标)的重要性权值的确定或相对优劣次序的排序问题,从而为决策方案的选择提供依据。

(二)层次分析法(AHP 法)的数学模型及主要步骤

运用层次分析法进行系统分析,是在弄清问题的范围、所包含的因素及其相互关系、解决问题的目的、是否具有 AHP 所描述的特征的基础上,建立层次结构,将问题中所包含的因素划分为不同层次。一般分为目标层、准则层和方案层,对于复杂的问题也可分为总目标层、子目标层、准则层、方案层,或分为更多的层次。其数学模型及主要工作步骤如下:

(1)运用系统分析方法分析系统中各因素之间的关系,建立系统的递阶层次结构,如图 4-1 所示。

(2)请专家对同一层次中的各因素,对于上一层次中某一准则的重要性进行两两比较,构造判断矩阵。

判断矩阵就是按照层次结构模型,针对上一层次某元素,由下一层次各个元素的相对重要性进行两两比较,给出判断。将这些判断用数

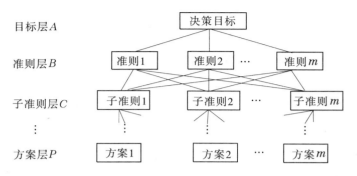

图4-1 层次结构模型

值表示出来,写成矩阵形式。

假定 A 层次中元素 A_k 与下一层次元素 $B_1,B_2,\cdots,B_n$ 有联系,则构造的判断矩阵为以下形式:

A_k	B_1	B_2	$\cdots$	B_n
B_1	b_{11}	b_{12}	$\cdots$	b_{1n}
B_2	b_{21}	b_{22}	$\cdots$	b_{2n}
$\vdots$	$\vdots$	$\vdots$	$\vdots$	$\vdots$
B_n	b_{n1}	b_{n2}	$\cdots$	b_{nn}

其中 b_{ij} 表示对于 A_k 而言,B_i 对 B_j 的相对重要性,又称为两两比较的标度。心理学家的研究提出:人们区分信息等级的极限能力为 7 ± 2,引入 1~9 的标度,如表4-1所示。

表4-1 比较的标度

标度	定义
1	i 因素与 j 因素相同重要
3	i 因素与 j 因素略重要
5	i 因素与 j 因素比较重要
7	i 因素与 j 因素非常重要
9	i 因素与 j 因素绝对重要
2、4、6、8	以上两两判断之间的中间状态对应的标度值
倒数	i 因素与 j 因素比较,有 $b_{ij} \times b_{ji} = 1$

（3）由判断矩阵计算被比较元素对于该准则的相对权重，并对专家评判进行一致性检验。

采用方根计算法，其计算公式如下。

- 计算判断矩阵的特征向量。

$$W_i = \frac{\left(\prod_{j=1}^{n} b_{ij}\right)^{1/n}}{\sum_{k=1}^{n}\left(\prod_{j=1}^{n} b_{ij}\right)^{1/n}} \quad (i = 1, 2, \cdots, n) \tag{4-2}$$

则 $W = (W_1, W_2, \cdots, W_n)^T$ 即为所求的特征向量。

- 计算判断矩阵的最大特征根 λ_{max}。

$$\lambda_{max} = \frac{1}{n} \sum_{i=1}^{n} \frac{(AW)_i}{W_i} \quad (i = 1, 2, \cdots, n) \tag{4-3}$$

其中：$(AW)_i$ 为向量 AW 的第 i 个分量，W_i 为特征向量。

- 计算判断矩阵一致性指标 CI，进行判断矩阵一致性检验。

根据正矩阵的理论，若判断矩阵 A 具有如下三个条件：$b_{ii} = 1$，$b_{ij} = b_{ji}$，$b_{ij} = b_{ik}/b_{jk}$，则矩阵 A 具有完全一致性。实际上，人们对复杂问题各因素的两两判断，不可能做到判断的完全一致，而是存在着估计误差，但这种误差应限制在一定范围内。采用判断矩阵一致性指标 CI 进行检验，并引入维数修正值 RI（RI 的取值见表4-2）。

$$CI = \frac{\lambda_{max} - n}{n - 1} \tag{4-4}$$

$$CR = \frac{CI}{RI} \tag{4-5}$$

表4-2　RI 的取值

阶数	1	2	3	4	5	6	7	8	9
RI	0.00	0.00	0.58	0.90	1.12	1.24	1.32	1.41	1.45

当 $CR = CI/RI < 0.10$ 时，即认为判断矩阵具有满意的一致性，否则就需要调整判断矩阵，使其具有满意的一致性。

（4）计算各层元素对系统目标的合成权重，并进行总排序。

所谓层次总排序,就是计算同一层次所有元素对最高层相对重要性的排序权值。若上一层 A 包含 m 个元素 $A_1, A_2, \cdots, A_m$,其层次总排序权值为 $a_1, a_2, \cdots, a_m$;若下一层 B 包含 n 个元素 $B_1, B_2, \cdots, B_n$,对 A_j 的层次总排序权值为 $b_{1j}, b_{2j}, \cdots, b_{nj}$,见表 4-3。

表 4-3　层次总排序计算过程

层次 A		A_1	A_2	$\cdots$	A_m	B 层次总排序权值
		a_1	a_2	$\cdots$	a_m	
层次 B	B_1	b_{11}	b_{12}	$\cdots$	b_{1m}	$\sum\limits_{j=1}^{m} a_j b_{1j}$
	B_2	b_{21}	b_{22}	$\cdots$	b_{2m}	$\sum\limits_{j=1}^{m} a_j b_{2j}$
	$\vdots$	$\vdots$	$\vdots$		$\vdots$	$\vdots$
	B_n	b_{n1}	b_{n2}	$\cdots$	b_{nm}	$\sum\limits_{j=1}^{m} a_j b_{nj}$

当 B_k 与 A_j 无关联时,取 $b_{kj} = 0$。

这一步骤也是从高到低逐层进行的。如果 B 层次某些元素对于单排序的一致性指标为 CI_j,相应的平均随机一致性指标为 RI_j,则 B 层次总排序随机一致性比率为

$$CR = \frac{\sum\limits_{j=1}^{m} (a_i CI_j)}{\sum\limits_{j=1}^{m} (a_j RI_j)} \qquad (4\text{-}6)$$

类似地,当 $CR < 0.10$ 时,认为层次总排序结果具有满意的一致性,否则需要重新调整判断矩阵的元素取值。

(三)采用层次分析法进行大型调水工程风险评估的理由

层次分析法的特点:首先,它是一种定量分析与定性分析相结合的方法,既有层次结构构成的定性分析,也有各因素权重计算的定量结果;其次,它是一种运用系统分析方法,将复杂的问题经结构分解,建立具有内在逻辑联系的层次结构,是一种灵活且易于理解的为管理者提供决策依据的方法;再次,它是将系统结构中各元素难以用准确定量描

述的关系变为量化的相对模糊的主观判断与客观结论相结合,查找系统结构中的主要矛盾与次要矛盾的方法;最后,它的定量结论精度是有限的,但满足一般工程风险分析的精度要求。

本节论述了为合理确定大型调水工程保险费率而对工程风险进行评估的相关内容。大型调水工程风险由自然风险、技术风险、管理风险及社会经济等许多风险组成,而每一种风险都有其相应的风险因素,这些风险和风险因素是一个复杂的具有层次结构的系统。这种结构及其相互关系是难以用准确的数量关系描述的,并且各种风险本身又具有随机性和不确定性,通过运用主观判断与客观定性相结合的方法来解决这个问题是可行的。层次分析法的特点正好与上述分析相一致,通过运用工程技术与管理专家的工程理论、实践经验和风险因素层次结构的逻辑关系解决整个工程项目风险评估问题。

本节论述采用层次分析法的另一个重要原因是,我国对包括大型调水工程在内的工程风险研究较少,缺乏有关工程风险损失的统计资料。虽然在工程实施过程中,大型调水工程各种建筑物在施工方法、施工设备及建筑材料等方面具有一定的共性和统计规律,但大型调水工程的场地条件复杂多变,其单件性比一般的工程更加突出,即使有一定的风险损失历史统计资料,其统计的规律性和代表性也需要更深入地研究分析。总之,目前运用数理统计或类似的方法进行大型调水工程风险评估是很困难的,而运用层次分析法较好地解决了上述问题。虽然层次分析法应用于工程风险的计算精度不高,但由于大型调水工程风险的复杂多变性,高精度的风险评估是非常困难的,也是没有必要的。

二、基于层次分析法的大型调水工程风险评估

根据第三章的分析论述,将大型调水工程保险责任范围内的风险分为三类,即人为差错风险、项目局域性风险和项目区域性风险。考虑大型调水工程是沿输水线路布置的群体工程项目,建筑物类型多、施工单位多、工程场地条件复杂多变等,将大型调水工程按各工程段的建筑物类型、场地条件及风险特征划分为风险评估单位,分别对各风险单位进行风险分析评估,然后经加权平均得到整个工程项目的风险评估结

果。

（一）人为差错风险

1. 风险因素分析

与工程建设有关的人员包括工程规划设计人员、施工人员、监理人员、工程业主和政府管理人员、工程项目的科研人员或技术咨询人员等，他们在工程建设过程中都有可能出现差错，从而引起工程风险事故。人为差错不但与个人的素质、心理因素有关，而且与群体组织的管理水平、工作环境条件有关。

（1）设计差错主要包括设计失误和技术数据与实际差别超限。设计工程师的失误主要与其理论、经验及设计单位的管理机制等有关；技术资料主要与试验、现场环境、地质水文的勘察等有关。

（2）施工中的人为差错主要包括施工方案、技术措施失误，施工操作失误、违章操作和偷工减料等道德风险等。施工中的人为差错主要与施工技术管理人员的技术业务能力、管理水平、施工经验、工期合同压力及施工作业环境条件等有关。

（3）监理、业主与政府管理中的人为差错主要包括疏于管理、引导错误、决策失误、指令不妥或贻误时机等。监理、业主与政府管理中的人为差错主要与管理人员的技术管理水平、工作经验、不良社会风气和道德品质等有关。

2. 人为差错风险评估因素

本节在评估人为差错风险时，没有采用安全系统工程和人的可靠性研究所采用的直接研究各种可能发生的人为差错风险的概率方法，而是从人的行为能力方面来评价人为差错风险，包括个体人和群体组织的行为能力（包括技术理论水平、管理水平、技术业务能力与经验、施工作业环境条件等）。主要理由是直接研究人为差错发生的概率主要应用于产品定型、工序固定、单件产品规模小的工业产品生产中。大型调水工程设计一般由一家设计院完成设计任务。但是监理一般都分为若干标段，分别由几家监理单位承担监理任务。施工都是由许多施工单位分别承包各工程标段，并且在经济较发达的地区，建筑设备及劳务市场也很发达，施工单位的作业操作工人及监理单位的监理工程师人员,大多数是临时雇用的。也就是说,施工、监理单位的人员和设备流动性很大,并考虑到大型调水工程产品的单件性较一般工程更突出,虽然施工工序、施工方法、建筑材料等有一定的共性,但与工业产品加工工序、设备及作业环境等是固定不变且进行流水作业相比有很大不同。要运用概率论和数理统计理论研究人为差错风险,需要工程设计、施工、监理、业主与政府等方方面面很多有关人员,对同类工程作业的人为差错的历史记录,并具有一定的数理统计的序列要求来寻求人为差错的规律性。对场地、人员条件复杂多变的大型调水工程来讲,这些只能是理论上成立而实践中很难应用的,有时是不可能的。作者采用人的行为能力来评价人为差错风险,可避免数理统计对人为差错历史数据的要求,从个体与群体组织的知识、经验、管理、能力等,与人为差错关系密切、起主要决定作用的客观标准来间接评价人为差错风险,具有一定的理论依据和实践的可操作性。

3. 人为差错风险评估层次结构模型

人为差错风险评估层次结构模型如图 4-2 所示。

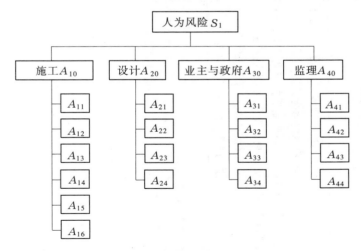

图 4-2 人为差错风险评估层次结构模型

图 4-2 中 $A_{10} \sim A_{40}$ 的含义见表 4-4 ~ 表 4-7。

表 4-4 工程施工企业人为差错风险评价因素与标准（A_{10}）

序号	项目	低风险 3	一般风险 5	高风险 9
1	企业及项目成本管理体制（A_{11}）	综合：企业及项目有一套较科学、有效的运行机制。 分项：改制后国有老企业，有一定历史的股份制或有限责任公司，实行项目成本管理，ISO 认证，并执行良好，有特种专业队等	综合：企业及项目有一套已运行多年的较有效的管理运行机制。 分项：国有老企业；新成立的股份制或有限责任制；实行项目成本独立核算，ISO 认证等	综合：企业及项目管理有制度，但不完善；项目成本承包制等
2	企业资质、社会信誉及财务资信（A_{12}）	高于工程资质要求，企业技术支持制度良好，社会信誉良好	远高于工程资质要求，企业技术支持制度一般，符合或基本符合工程质量要求，社会信誉好	挂靠资质、主体转包，包工头承包，社会信誉较差或严重的人为责任事件不良记录
3	企业业绩及经验（近三年类似工程）（A_{13}）	三个以上相当或大于该工程等级的同类工程经验	至少一个相当或大于该工程等级的同类工程经验，业绩好	没有或基本没有类似工程经验，但有其他类型工程经验，或有不良业绩记录

· 64 ·

续表 4-4

序号	项目	低风险 3	一般风险 5	高风险 9
4	项目执行经理、技术负责人素质（A_{14}）	一级项目经理，综合管理能力强；技术负责人为高工，技术经验丰富	项目经理资质符合工程要求，综合管理能力及技术经验符合或基本符合工程要求	项目经理没资质或资质不够，综合管理能力较差，技术能力及经验一般，甚至没有经验
5	项目其他技术管理人员及技术工人素质（A_{15}）	技术管理人员及技术工人的数量、资质，经验满足工程要求，并且技术工人是固定人员	基本满足工程要求，主要技术工人为固定人员	不满足要求，技术工人不固定，临时由社会招用
6	工期压力、施工作业环境条件（A_{16}）	工期按国家标准控制，不利施工作业环境条件很不明显	工期有一定压力，高空或高温等不利气候的影响不明显，通风等一般	工期压力大，存在高空或高温等气候，照明、通风等差

表4-5 工程项目设计人为差错风险评价因素与标准（A_{20}）

序号	项目	低风险 3	一般风险 5	高风险 9
1	资质及管理（A_{21}）	甲级,ISO认证,管理制度严格有效,注重技术评审,总结	符合工程设计资质要求,有一套管理制度	不符合工程设计资质或挂靠投资,管理制度不完善
2	社会信誉,业绩与经验（A_{22}）	三个以上相当或大于该工程等级的同类工程经验,大量工程设计经验,社会信誉,业绩良好	至少一个相当或大于该工程等级的同类工程经验,大量工程设计经验,社会信誉,业绩较好	没有或基本没有类似工程经验,但有其他类型工程经验或设计有人为责任工程经验或不良业绩记录
3	项目设计人员素质:人数,职称,经验,专业配套等（A_{23}）	高	一般	较低
4	大型或特殊工程的技术咨询与科学试验（A_{24}）	重大或主要技术参数有试验,有制度,重要技术参数与科研经费充足	重大技术问题进行咨询,很少做技术参数试验,科研经费较少	无

表 4-6 工程项目业主与政府管理人为差错风险评价因素与标准（A_{30}）

序号	项目	低风险	一般风险	高风险
		3	5	9
1	管理体制及管理人员素质（A_{31}）	独立核算；同行业管理或建设并营运的新型管理；管理制度健全，运行有效，专业配套，人数满足工程要求	临时组织的由各同行业单位抽调组成独立核算的管理机构，有一套管理制度；管理人员素质，人数，专业配套基本满足工程要求	临时机构；人员数量不满足工程要求，素质较差，专业不配套；没有技术管理咨询制度
2	项目招标投标（A_{32}）	国内（或国际）公开招标，操作规范	主体工程公开招标，部分邀请招标，操作基本规范	招标不规范，或主体工程不招标
3	项目资金供应、合同类型（A_{33}）	资金及时到位，不影响工程施工；单价承包合同或低风险总价承包，合理价中标	资金供应基本及时；总价承包合同，合理价中标	资金不到位；总价承包合同，低价中标
4	政府管理（A_{34}）	按国家规定管理，管理力度较大，没有不利制约	按规定管理，力度一般	管理不到位或有较大不利制约

表 4-7 工程项目监理人为差错风险评价因素与标准（A_{40}）

序号	项目	低风险 3	一般风险 5	高风险 9
1	企业资质及项目管理（A_{41}）	甲级,ISO 认证,管理制度完善,运行有效	监理资质符合或基本符合工程要求;有一套管理制度	资质不符合要求或挂靠;管理制度不完善
2	社会信誉,业绩及经验（A_{42}）	三个以上相当或大于工程等级的类似工程监理经验;社会信誉及业绩良好	至少一个相当或大于该工程等级的类似工程监理经验;社会信誉及业绩较好	没有同类工程经验或有人为责任的不良记录
3	总监理工程师素质（A_{43}）	有资质,高工,技术,管理,协调等综合能力较强,有类似工程和大量其他工程监理经验	有监理资质,技术,管理,协调能力一般;有一定工程监理经验	综合能力差,没有或基本没有工程监理经验
4	监理人员素质,数量,专业配套,职称,理论水平及工程经验（A_{44}）	全部满足要求	基本满足要求	不能满足要求

4. 人为差错风险评价标准

根据以上人为差错风险因素分析,经对大型调水工程调查和工程专家评判,将设计、施工、业主与政府、监理人的行为能力(个体与群体组织)的各影响因素,按高风险、一般风险和低风险划分出供风险评估的参考标准。之所以为参考标准,是因为各种影响因素对工程人为差错风险的影响具有一定的共性,但对不同的工程也有一些差别。为进行量化计算,将风险因素的风险量引入风险标度,给出高风险、一般风险和低风险的标度分别为9、5、3。人为差错风险的具体风险因素及风险评价标准如表4-4~表4-7所示。

5. 人为差错风险因素权重的确定

根据人为差错风险层次结构,对大型调水工程人为差错风险因素进行调查和工程专家评判,由下一层次各个元素的相对重要性进行两两比较,给出判断矩阵。

大型调水工程人为差错风险层次结构判断矩阵及权重的计算如下:

(1)施工 A_{10}。判断矩阵中字符代表的意义见表4-4。

(2)设计 A_{20}。判断矩阵中字符代表的意义见表4-5。

(3)业主与政府 A_{30}。判断矩阵中字符代表的意义见表4-6。

(4)监理 A_{40}。判断矩阵中字符代表的意义见表4-7。

判断矩阵 $A—A_{i0}(i=1,2,3,\cdots,$ 下同):

A	A_{10}	A_{20}	A_{30}	A_{40}
A_{10}	1	2	8	5
A_{20}	1/2	1	7	5
A_{30}	1/8	1/7	1	1/3
A_{40}	1/5	1/5	3	1

判断矩阵 A_{10}—A_{1i} :

A_{10}	A_{11}	A_{12}	A_{13}	A_{14}	A_{15}	A_{16}
A_{11}	1	2	1/3	1/5	1/6	1/5
A_{12}	1/2	1	1/2	1/5	1/6	1/5
A_{13}	3	2	1	1/4	1/4	1/3
A_{14}	5	5	4	1	1/2	2
A_{15}	6	6	4	2	1	2
A_{16}	5	5	3	1/2	1/2	1

判断矩阵 A_{20}—A_{2i} :

A_{20}	A_{21}	A_{22}	A_{23}	A_{24}
A_{21}	1	1/3	1/5	1/3
A_{22}	3	1	1/5	1
A_{23}	5	5	1	3
A_{24}	3	1	1/3	1

判断矩阵 A_{30}—A_{3i} :

A_{30}	A_{31}	A_{32}	A_{33}	A_{34}
A_{31}	1	3	1	7
A_{32}	1/3	1	1/3	5
A_{33}	1	3	1	7
A_{34}	1/7	1/5	1/7	1

判断矩阵 A_{40}—A_{4i}：

A_{40}	A_{41}	A_{42}	A_{43}	A_{44}
A_{41}	1	1/2	1/5	1/3
A_{42}	2	1	1/4	1/3
A_{43}	5	4	1	2
A_{44}	3	3	1/2	1

运用方根法和特征根法，经计算并通过了单因素排序和总排序一致性检验。其计算过程如下。

（A）计算判断矩阵 A—A_{i0}。

①计算判断矩阵 A 每一行元素的乘积 M_i：

$$M_i = \prod_{j=1}^{n} b_{ij} \quad (i = 1,2,\cdots,n) \tag{4-7}$$

$M_1 = 1 \times 2 \times 8 \times 5 = 80$，同理 $M_2 = 17.5, M_3 = 0.006, M_4 = 0.12$。

②计算 M_i 的 n 次方根 V_i：

$$V_i = \sqrt[n]{M_i} \tag{4-8}$$

$V_1 = \sqrt[4]{80} = 2.991$，同理 $V_2 = 2.045, V_3 = 0.278, V_4 = 0.589$。

③对向量 $V = (V_1, V_2, \cdots, V_n)^{\mathrm{T}}$ 归一化，即

$$W_i = \frac{\left(\prod_{j=1}^{n} b_{ij} \right)^{1/n}}{\sum_{k=1}^{n} \left(\prod_{j=1}^{n} b_{ij} \right)^{1/n}} = \frac{V_i}{\sum_{j=1}^{n} V_j} \tag{4-9}$$

其中 $\sum_{j=1}^{n} V_j = 2.991 + 2.045 + 0.278 + 0.589 = 5.903$。

$\omega_1 = 2.991/5.902 = 0.507$，同理 $\omega_2 = 0.347, \omega_3 = 0.047, \omega_4 = 0.1$。

则 $W_0 = (\omega_1, \omega_2, \omega_3, \omega_4)^{\mathrm{T}}$ 即为所求的特征向量。

④计算判断矩阵的最大特征根 λ_{max}：

$$\lambda_{max} = \sum_{i=1}^{n} \frac{(AW)_i}{nW_i}$$

$$(AW)_0 = \begin{bmatrix} 1 & 2 & 8 & 5 \\ 0.5 & 1 & 7 & 5 \\ 0.125 & 0.413 & 1 & 0.333 \\ 0.2 & 0.2 & 3 & 1 \end{bmatrix} \begin{bmatrix} 0.507 \\ 0.347 \\ 0.047 \\ 0.1 \end{bmatrix}$$

$(AW)_1 = 1 \times 0.507 + 2 \times 0.347 + 8 \times 0.047 + 5 \times 0.1 = 2.077$，同理 $(AW)_2 = 1.430, (AW)_3 = 0.193, (AW)_4 = 0.412$。

$$\lambda_{max} = [2.077/(4 \times 0.507)] + [1.430/(4 \times 0.347)] +$$
$$[0.193/(4 \times 0.047)] + [0.412/(4 \times 0.1)]$$
$$= 4.111$$

$$CI_0 = \frac{\lambda_{max} - n}{n - 1} = (4.111 - 4)/(4 - 1) = 0.037$$

$$RI_0 = 0.9$$

$CR_0 = \dfrac{CI}{RI} = 0.037/0.9 = 0.041 < 0.1$，通过一致性检验。

（B）计算判断矩阵 A_{10}—A_{1i}，其权重计算及一致性检验同矩阵 A—A_{i0}，下同。

$$W_1 = \begin{bmatrix} 0.050 \\ 0.042 \\ 0.087 \\ 0.265 \\ 0.356 \\ 0.201 \end{bmatrix}$$

$\lambda_{max} = 6.222, CI_1 = 0.044, RI_1 = 1.240, CR_1 = 0.036 < 0.1$，通过一致性检验。

（C）计算判断矩阵 A_{20}—A_{2i}。

$$W_2 = \begin{bmatrix} 0.074 \\ 0.169 \\ 0.565 \\ 0.192 \end{bmatrix}$$

$\lambda_{max} = 4.115, CI_2 = 0.038, RI_2 = 0.900, CR_2 = 0.042 < 0.1$，通过一致性检验。

（D）计算判断矩阵 A_{30}—A_{3i}。

$$W_3 = \begin{bmatrix} 0.397 \\ 0.160 \\ 0.397 \\ 0.047 \end{bmatrix}$$

$\lambda_{max} = 4.073, CI_3 = 0.024, RI_3 = 0.900, CR_3 = 0.037 < 0.1$，通过一致性检验。

（E）计算判断矩阵 A_{40}—A_{4i}。

$$W_4 = \begin{bmatrix} 0.085 \\ 0.127 \\ 0.499 \\ 0.289 \end{bmatrix}$$

$\lambda_{max} = 4.056, CI_4 = 0.019, RI_4 = 0.900, CR_4 = 0.021 < 0.1$，通过一致性检验。

（F）层次的总排序。

施工企业人为风险与设计人为风险，业主与政府管理人为风险和监理人为风险因素之间互不关联。因此，层次总排序权重计算公式如下：

$$W_{11} = W_1^T \cdot W_0 = \begin{bmatrix} 0.050 & 0.042 & 0.087 & 0.265 & 0.356 & 0.201 \end{bmatrix} \times$$
$$\begin{bmatrix} 0.507 & 0.347 & 0.047 & 0.1 \end{bmatrix}$$
$$= \begin{bmatrix} 0.025 & 0.022 & 0.044 & 0.134 & 0.180 & 0.102 \end{bmatrix}^T$$

$$W_{12} = W_2^T \cdot W_0 = \begin{bmatrix} 0.026 \\ 0.059 \\ 0.196 \\ 0.067 \end{bmatrix}, W_{13} = W_3^T \cdot W_0 = \begin{bmatrix} 0.019 \\ 0.008 \\ 0.187 \\ 0.002 \end{bmatrix},$$

$$W_{14} = W_4^{\mathrm{T}} \cdot W_0 = \begin{bmatrix} 0.009 \\ 0.013 \\ 0.050 \\ 0.029 \end{bmatrix}$$

总的一致性检验结果如下：

CI_1	CI_2	CI_3	CI_4
0.044	0.038	0.024	0.019
RI_1	RI_2	RI_3	RI_4
1.240	0.900	0.900	0.900

CI	0.039
RI	0.961
CR	0.041

$CR = 0.041 < 0.1$，通过一致性检验。

大型调水工程人为差错风险因素权重计算成果如表4-8所示。

表4-8　人为差错风险各因素总排序权重

名称	权重(a_{ij})	名称	权重(a_{ij})	名称	权重(a_{ij})	名称	权重(a_{ij})
A_{11}	0.025	A_{21}	0.026	A_{31}	0.019	A_{41}	0.008
A_{12}	0.021	A_{22}	0.059	A_{32}	0.008	A_{42}	0.013
A_{13}	0.044	A_{23}	0.196	A_{33}	0.019	A_{43}	0.050
A_{14}	0.134	A_{24}	0.067	A_{34}	0.002	A_{44}	0.029
A_{15}	0.180						
A_{16}	0.102						

6. 人为差错风险评价

将人为差错风险各因素的权重 a_{ij} 与各因素的风险标度 b_i 相乘，得到各因素人为差错风险分值 S_i，然后求和，得出人为差错风险总分值 S，计算公式见式(4-10)。大型调水工程各工程段的总分值按各段工程造价，经加权平均计算出整个工程项目的人为差错风险分值。

人为差错风险评价按如下公式计算风险量分值：

$$S = \sum S_i = \sum (a_{ij} b_i) \tag{4-10}$$

从以上人为差错风险各因素评估结果可知,大型调水工程人为差错风险的评价结果如下:

- 人为差错风险中的主要风险为施工和设计中的人为差错风险。
- 最重要的风险因素为风险因素权重最大者,即工程项目施工单位的项目经理和技术负责人、设计工程师素质和施工技术管理人员及技术工人素质。尤其应注意的是,这些最重要的风险因素在工程实施过程中的变化对人为差错风险的影响程度较大。
- 最主要的风险因素是人为差错风险分值 S_i 最大者,其取决于风险因素权重和风险等级。
- 比较工程项目的人为差错风险总分值与平均风险分值可以得到工程项目的人为差错风险等级,并按高风险、一般风险和低风险进行等级划分。

(二)项目局域性风险评价

1.风险因素分析

根据大型调水工程风险识别和风险因素分类,工程项目局域性风险是因工程项目建设活动本身而影响其周边自然因素或受其周边自然因素影响或工程项目建筑结构本身产生的风险因素。工程项目局域性风险因素按其性质和特征,又可分为两类:

一类是与建筑结构本身固有的特性、功能和属性有关的风险,如:①建筑结构的复杂性;②建筑结构的材料特性;③设计标准;④工程技术(设计或施工等)的成熟和可靠性;⑤工程的施工方法及工程质量的可控性,等等。

另一类是与建筑结构本身以外的因素有关的风险,如:①地基与基础风险及其影响引起的上部建筑结构风险;②土石方开挖后形成的新的开挖界面风险;③工程建筑结构周边的地形与地貌、地质与水文地质等产生的滑坡、泥石流、周边建筑物与地下管线破坏风险;④设备使用不当或设备功能等问题引起的风险;⑤工程勘察设计深度不够等引起的风险,输水建筑物突然承受设计水承载或其他设计承载作用而引起的风险等。

由于设计功能指标不同,加上场地条件等因素,大型调水工程中没有两个项目是完全相同的。两个不同的大型调水工程项目,甚至同一项目的不同工程段所面临的风险往往相差很大。但是,它们的功能性质是一致的,建筑物类型有许多是相同或相似的,只是存在不同的组合而已,它们所面临的风险也有相似之处。根据风险量的定义,大型调水工程风险的大小取决于风险概率和风险损失的大小;风险损失的大小又取决于致灾风险因素能量及结构物的易损性。因此,工程建筑物受损的风险大小主要取决于四个因素:一是致灾风险因素的种类。不同的风险因素将产生不同的影响。二是致灾风险因素出现的频率。三是致灾风险因素所释放的致灾能量的大小。相同的风险因子,如地震,释放不同级别的破坏能量(如3级地震与8级地震),对建筑结构也将产生不同的损坏。四是结构物或设施的易损坏性。相同的风险因子,如台风,对不同的建筑物(如重力式混凝土坝和施工临时加工厂)将产生不同的损坏。不同的致灾风险因素有其不同的致灾能量,致灾风险因素产生不同致灾能量的频率也不同。一般规律是:小灾害发生的频率高,而较大灾害发生的频率低;相同的致灾能量对不同的结构将产生不同的损坏。

从以上论述可以看出,大型调水工程项目的两类局域性风险有着不同的风险特征。那些与工程建筑结构本身有直接关系的风险因素,是建筑结构因其结构、材料、设计功能、标准及其本身固有的属性或性能所产生的风险,是每一个建筑物都有的,只是对工程风险的影响大小不同而已。为方便工程风险评估,用建筑结构的易损性来代表与工程建筑结构本身有直接关系的风险。那些与工程建筑结构本身只有间接关系的风险因素,主要是建筑结构受外界环境影响所产生的工程项目局域性的特有风险,有些建筑物有这一部分,有些建筑物有另一部分;有些建筑物多一些,有些建筑物少一些,应根据具体风险情况作具体的分析评价,所以作者称其为项目局域性特有风险。

2.建筑结构易损性的评估

大型调水工程建筑结构的易损性定义为:建筑物承受荷载遭受破坏机会的多少和发生损毁的难易程度。建筑物遭受损毁的程度,一方面取决于外界破坏能量的大小、环境条件;另一方面取决于建筑物本身承受外界破坏的能力,尤其是与其本身性能特征和所存在的缺陷关系较大,这就是建筑结构的易损性。

1)影响建筑结构物易损性的主要因素

大型调水工程建筑结构物的易损性主要考虑结构物的结构类型、材料性能及其特性,以及由于设计技术规范要求所采用的计算方法、计算模型及其假设、简化与实际的异差、材料本身很难避免的性能差异而遭受损坏的风险等。易损性主要用如下几个因素来评价。

(1)结构的复杂性。主要指建筑物的结构形式、组成或构成的复杂性,结构物传力的明确性、结构计算模型的简化偏差等。采用模糊评价标准,将结构复杂性划分为复杂、一般、简单三级。

(2)建筑结构材料。主要指建筑结构材料的种类和性质及结构尺寸的大小。结构采用何种建筑材料及结构尺寸,一般根据结构功能和所承受的荷载等由设计人员按有关技术规定和设计经验及业主要求来确定。建筑材料对结构易损性的影响主要考虑材料的均质性、塑性及延展性、变异性(受不同环境条件影响性质的变化情况,如钢结构较长时间地遭遇火或高温,其强度、刚度变小等)和易破坏性。为评价建筑结构材料的易损性,将建筑结构材料划分为高级建筑材料、普通建筑材料和易损建筑材料。

(3)设计标准(或结构设计等级)。设计标准(或结构设计等级)主要根据工程项目和建筑物的重要性及其破坏后产生的后果的严重性来划分。具体的设计指标主要包括强度、刚度、抗倾覆、抗渗漏、抗冻性、抗震、防火等。一般来讲,结构所满足的设计指标越多,其安全储备就越大。为评价易损性,将设计标准划分为高标准(1~2级建筑物或同时满足3个以上设计标准的笨重结构)、中标准(3~4级建筑物)和低标准(5级以下建筑物,包括临时工棚等)。

(4)技术可靠性。主要指结构的设计及施工工艺的技术成熟性。结构物技术可靠性低主要是指结构物采用的新技术、新工艺、新材料、新结构等档次水平欠佳。为进行易损性评价,将结构物技术可靠性划分为高、中、低三级。

(5)可预见性。对于特定的结构物的施工或设计,由于目前通常采用的施工工艺使施工质量难以控制;或者是地下隐蔽工程,施工质量依靠工艺和经验及一定的质量检测手段来控制;或者是设计资料不全,主要依靠经验或估计来选择技术参数;或者是根据科学试验成果和咨询专家意见等,使建筑物的性能及安全性的可预见性有一定差别。为进行易损性评价,将结构物的可预见性划分为高、中、低三级。

2) 易损性评价的层次结构及相对权重的确定

根据 AHP 法来判断易损性主要因素之间的相对权重。建筑结构的易损性层次结构见图4-3。

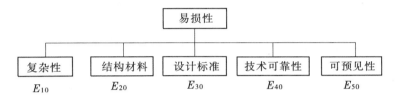

图4-3　建筑结构的易损性层次结构

易损性判断矩阵:

E	E_{10}	E_{20}	E_{30}	E_{40}	E_{50}
E_{10}	1	1/3	1	1/3	1/4
E_{20}	3	1	3	1/2	1/2
E_{30}	1	1/3	1	1/3	1/3
E_{40}	3	2	3	1	1/2
E_{50}	4	2	3	2	1

易损性判断矩阵计算同上述人为差错风险有关矩阵的计算方法,并通过了一致性检验(见表4-9)。

表4-9　易损性各因素权重计算成果

名称	E_{10}	E_{20}	E_{30}	E_{40}	E_{50}
权重	0.083	0.199	0.088	0.263	0.367

3）大型调水工程建筑结构易损性评价

根据建筑结构的易损性影响因素,在进行专家评判的基础上,将它们按高风险、一般风险和低风险分为三个等级,并分别给予它们风险标度为9、5、3。按照各种影响因素的重要性权重,计算出各种建筑结构物的易损性指标 E,计算公式为式(4-11),然后判断其风险等级。根据调查和专家打分来综合评价建筑结构的易损性。易损性标准为:$E \geqslant 5.25$ 为高风险;$2.5 \leqslant E < 5.25$ 为一般风险;$E < 2.5$ 为低风险。

$$E = \sum (e_{ij} b_i) \qquad (4\text{-}11)$$

式中　e_{ij}——易损性影响因素的权重;

　　　b_i——相应于易损性风险等级的风险标度。

从以上的分析计算结果来看,可以得出以下结论,供风险管理决策者参考:

● 大型调水工程各工程段的建筑结构对工程风险影响较大的因素是各因素分值中的最大者。

● 大型调水工程各工程段的易损性分值最大者就是建筑结构风险最大者,应重点采取相应风险管理措施。

3. 项目局域性特有风险

1）风险因素分析

不同的大型调水工程项目、不同工程段,局域性特有风险有其共性,也有差别,主要有以下几类:

（1）地基与基础风险。主要是地基的承载能力及基础质量。一般将基础分为深基础、浅基础和人工处理地基、天然地基等。地基与基础风险因素有:天然地基的均质性;不良土质(湿陷土、膨胀土)、软弱夹层、断裂破碎软弱带等,与地质勘察质量关系最大;地下隐蔽成型的深基础或质量难以控制或质量难以检测的基础处理;基础的结构类型及其工程质量等。

（2）土石方开挖边界(包括地面开挖、地下硐室开挖)。如基坑、边坡、围岩、地下水及其对周边建筑物、地下管线的影响等。主要风险因素包括地质、土质、岩性、地质结构、地下水及地质水文勘察质量,基坑、围岩等的支护结构形式及其质量等。

（3）由于邻近工程的地貌产生的滑坡、泥石流等。主要风险因素是地质、地貌条件及其勘察质量。

（4）由于影响或被影响邻近的河道、湖泊、行洪区等引起的洪水、淹没风险。主要风险因素是防洪标准、建筑物类型及质量和工程周边可能受损的物质，如工厂、学校、农田等。

（5）设备性能选用不当、新旧设备性能差异及设备的故障等风险。

（6）工程试运行风险。由于突发性外界作用力所产生的风险，如水闸建成后，投入使用时，突然受到水力作用，其结构本身及地基等产生水作用效应，可能使建筑结构受到损坏。

（7）其他风险。以上项目特有风险，并不是所有工程项目都具有，有些项目只有其中的几个风险；有些除这些风险之外，可能还有其他特殊风险。但可用同样的方法来进行风险分析和评估。

2）风险层次结构及权重的确定

根据以上风险因素分析，项目局域性特有风险主要层次结构如图 4-4 ~ 图 4-10 所示。由于各工程项目或工程段的风险特征不同，项目局域性特有风险层次结构中的判断矩阵应由专家经现场调查作具体评判，权重计算参照人为差错风险因素权重的确定方法进行。

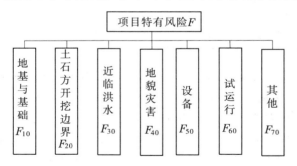

图 4-4 项目局域性特有风险层次结构

3）风险评估

根据工程建设实践经验可知，项目局域性特有风险属于大型调水

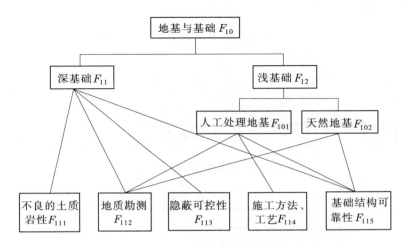

图 4-5　地基与基础风险层次结构

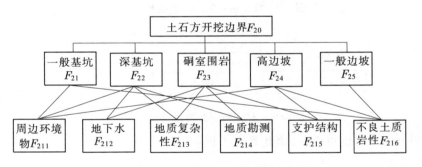

图 4-6　土石方开挖边界风险层次结构

图 4-7　近临洪水风险层次结构

工程实施中的主要工程风险,同时是可控性相对较差的工程风险,其风险的大小取决于风险项目的多少、风险发生可能性和风险事故可能的损失大小。假设各风险项目的发生是相互独立的,但应考虑各种风险

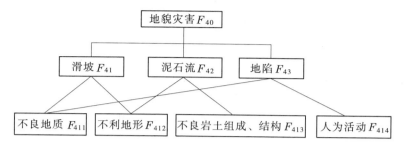

图 4-8　地貌灾害风险层次结构

图 4-9　施工设备风险层次结构

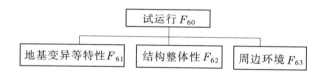

图 4-10　试运行风险层次结构

项目同时发生的可能性,因此整个工程项目局域性特有风险量计算公式如下:

$$R = n \sum (R_i b_i) = n \sum (b_i \times P_i \times C_i) \tag{4-12}$$

式中　R——项目局域性特有风险量;

　　　R_i——第 i 个风险项目的风险量;

　　　P_i——第 i 个风险项目发生的概率;

　　　C_i——第 i 个风险项目发生的损失后果;

　　　b_i——层次结构中各风险项目的权重;

　　　n——风险项目数量系数。

n 值的计算:上式中各风险项目的权重是经归一化处理后的相对比值,其还原的方法为权重乘以风险项目个数,但考虑到风险项目概率加法定理($P = P_1 + P_2 - P_1 P_2$),即考虑两个风险项目同时发生的概率或三个风险项目同时发生的概率,等等,该风险项目个数应改为风险项目数量系数,并采用近似计算,方法如下:

$$n = N\{1 - [\sum (P_i P_j) + \sum (P_i P_j P_k) + \sum (P_i P_j P_k P_h)] / \sum P_i\}$$
$$(i \neq j \neq k \neq h) \tag{4-13}$$

要计算各种风险出现的概率和可能损失的大小的统计参数,需要相当长的历史数据,并且对特定的风险还应具有确定的统计特性(即要符合一定的数理统计规律,并假定在未来的时期内统计特性参数与过去的基本相同)。对数量有限的大型调水工程来讲,这是很困难的,甚至是不可能的。为了对风险进行量度,本书采用模糊评价,即用高风险、一般风险、低风险等不同的风险级别来代替风险概率,用致灾能量大、中、小来代替风险事故可能损失的大小。同时,更进一步考虑了风险发生的概率和可能损失大小的不同组合,在进行项目局域性风险评价中引入风险标度,根据心理学家对人区分信息等级的能力限度的研究,引入指数标度 3^n($n = -1$、0、1、2、3、4、5、6),见表4-10。

表4-10 致灾风险因素的风险标度

序号	风险频率	致灾能量	风险标度	序号	风险频率	致灾能量	风险标度
1	高	大	4 096	6	高	小	4
2	中	大	1 024	6 – 1	低	中	4
3	高	中	256	7	中	小	1
4	中	中	64	8	低	小	0.25
5	低	大	16				

因此,计算风险大小的式(4-12)变为

$$R_t = n \sum (b_i \times P_{ci} \times S_i) \tag{4-14}$$

式中　R_t——风险分值;

P_{ci}——损失可能性大小,当风险发生时,损失按大、中、小三个
　　　　等级的可能性大小分别计取;

S_i——风险标度。

从以上项目局域性特有风险评价表中,可得到如下风险评估信息,供风险管理决策者参考:

- 由各种风险分值的大小,可将这些风险的相对大小进行排序。
- 由各种风险及风险因素的权重大小,可判断最主要的风险及风险因素,从而防止该风险的变化带来的不利影响。
- 了解和掌握整个项目的局域性风险的相对风险等级。

(三)项目区域性风险评估

1. 项目区域性风险因素分析

前已述及,大型调水工程保险责任范围的项目区域性风险因素主要包括:地震、泥石流等区域性地质灾害;台风、飓风、暴雨、暴雪、河流集冰等恶劣的气候灾害;洪水及其他人力不可抗拒的对工程项目有影响的自然灾害;风险责任范围内的社会经济风险等。

工程保险责任范围内的大型调水工程项目区域性风险大都是自然灾害,在区域分布和数理统计特征方面,大都在一定的时空范围内具有相对一致性。对于自然灾害风险评估,我国有关部门做了大量的研究工作,积累了大量的历史资料和研究成果,并把研究成果应用于自然灾害的预测、预报、防灾减损等方面。因此,在大型调水工程项目区域性风险评估中应充分利用已取得的数理统计特性和大量的历史资料等研究成果。

2. 项目区域性风险评估

工程项目所在的地区不同,其可能遭遇的区域性风险也不同。对于某一特定的大型调水工程项目,由于其为长距离沿输水线路布置的群体工程项目,应按项目区域性风险的特性划分工程段,考虑区域性风险中某些风险的差别。一般来讲,大型调水工程可能遭遇的区域性风险主要为地震、洪水(区域性的而非工程建筑物邻近洪水)、台风、暴雨和风险责任范围内的社会风险和政治经济因素引起的间接风险等。其中,地震、台风、暴雨和其他不利气候因素风险、风险责任范围内的社会风险和政治经济因素引起的间接风险,对大型调水工程来讲,其区域性更显著。而洪水、泥石流由于受地形、地貌位置的影响,其在同一区域对工程风险的影响亦存在一定的差别。

由于自然灾害种类繁多,来源于天体、地球、生物圈这样一个错综复杂的自然系统,因此欲对自然灾害风险恰如其分地进行评估是很困难的,也是很复杂的。作者研究大型调水工程项目区域性风险的目的是合理确定工程保险费率,而本书采用的保险费率的确定方法(详见下节内容)是以工程地理位置、建筑物易损性所确定的具有区域特性的工程基本保险费率为基础,按具体工程项目的风险大小来确定保险费率调整系数,对基本费率进行修正,也就是区域性风险在基本费率中已经考虑了项目区域性风险和建筑结构本身的风险。因此,本节对项目区域性风险不作深入研究,而只是直接应用已有的研究成果:

(1)地震风险。按地震烈度区划《中国地震参数区划图》进行分区。地震是破坏性极大的巨灾风险,但其发生的概率很小。

(2)洪水风险。大型调水工程邻近水域的建筑物都有设计防洪标准,其超越标准洪水风险概率较容易获得,可直接应用于洪水风险等级。对于非邻近水域的建筑物,各地方的水域也都有一个防洪标准,有些地方已按不同防洪标准及洪水影响范围编制了洪水风险区划图。

(3)台风风险。台风在沿海等地区发生的频率较高,但对大型调水工程建设的影响相对较小。同洪水风险一样,有相应的等级分区图可利用。

(4)暴雨风险。暴雨一般直接影响相对较小,但有时由于暴雨间接引起其他风险(如积水浸泡、滑坡、地面下沉、结构裂缝及倾斜等)应引起注意。各地方都有暴雨等量曲线图可供利用。

(四)工程项目风险的综合评价

本书将大型调水工程风险划分为三类,即人为差错风险、项目局域性风险和项目区域性风险,并分别进行了三类风险的评估。对于整个大型调水工程项目的风险评价方法如下。

1.各风险评估单位的风险评价

根据图4-11所示的层次结构,应用层次分析法,建立各风险评估单位的判断矩阵及三类风险的权重,按上述各风险评估单位三类风险值分别判断其风险等级(分为高风险、一般风险和低风险),经加权平均计算出风险评估单位的风险等级。

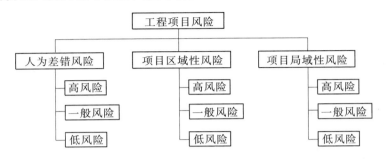

图 4-11　工程项目风险综合评价层次结构

2. 工程项目风险的综合评价

根据大型调水工程各风险评估单位风险等级,按各风险评估单位工程造价进行加权平均,评价出整个工程项目的风险评价等级。

第三节　大型调水工程保险费率的确定

一、保险费率的概念

保险费是投保人向保险人购买保险所支付的费用,简称保费。保险费是保险商品的价格,是投保人根据保险合同的有关规定,为被保险人取得因约定危险事故发生所造成的经济损失的给付权利,而付给保险人的代价,也即保险人为承担一定的保险责任而向被保险人收取的费用。保险费的多少一般由保险金额的大小和保险费率的高低这两个因素来确定,即保险费的收取一般按保险金额和保险费率的乘积来计算,也有按固定金额来收取的。保险费一般根据"等价原理"来确定,即按照保险预期赔偿金与缴纳保险费相等的原则来拟定保险费率。

保险费率就是计算保险费的比率,简称费率,是保险人按保险金额向投保人或被保险人收取保险费的比例,通常用千分率(‰)或百分率(%)来表示。保险人根据保险标的危险程度、损失概率、责任范围、保险期限和保险经营费用来确定保险费。保险费的制定与一般企业的产品定价差别很大。在保险经营中,保险人预先并不知道一笔保险业务的实际成本是多少。因此,保险费率的制定是建立在保险人对未来损失和未来费用进行预测的基础上的。

保险费率的理论值由纯费率和附加费率两部分组成:①纯保险费率(简称净费率或纯费率)。一般是根据损失率来制定的,作为危险事故发生后支付赔偿的费用,包括损失及损失理算费用。②附加费率。它是以保险人的业务开支为依据,包括营业费用和预期利润。纯费率与附加费率之和即为保险费率。

国际保险界对费率的制定和拟定一般是通过保险精算部门或专业协会,以大量的统计数据为计算基础,同时考虑社会的承受能力和可接受性,使保险品种具有一定的市场竞争力。国际保险界普遍采用以往若干年平均保险损失率加上一定数量的危险附加费率(又称稳定系数)之和作为纯费率的计算方法。平均保额损失率是一定时期内保险金额与总赔付数额的比率。

二、保险费率的计算原则

(一)适当性原则

适当性原则是指保险费率能够抵补损失赔偿及保险的相关营业所需的各种费用。通常以过去5年平均损失率为测算依据,保险费率既不能过高,使投保人的负担增加,保险品种的竞争力降低;也不能过低,使保险人收支不平衡,致使经营发生困难,甚至影响保险人的偿付能力。

(二)公正性原则

公正性原则是指保险费率应按照保险协议的风险大小及保险人对保险事故所承担的责任来确定,彼此应当公正,并符合国家和政府的法规。

(三)相对稳定性原则

保险费率拟定后,在短期内应保持稳定,以维持消费者的适应度。

(四)鼓励防损原则

保险费率的拟定应考虑鼓励投保人或被保险人从事预防和降低损

失的因素,通过经济手段使投保人或被保险人积极参与损失的控制。

(五)合理性原则

保险费率拟定后,经过一段时间,损失风险和环境发生变化时,应适时调整费率,以满足保险费率必须具有适当性和合理性的要求。

三、一般险种保险费率确定的基本方法

保险费率制定有三种基本的方法,它们是判断法、分类法和增减法。

(一)判断法

判断法亦称个别法,这是针对各个承保危险标的的具体情况,单独进行风险估计,以确定其适应的费率的方法。这种方法被广泛地应用于海上保险和一些内陆运输保险。

(二)分类法

分类法亦称手册法,是指按照若干重要标志,将保险标的分成几类,再分别确定相应费率。用分类法制定的保险费率反映了某一类别的整体平均损失,被广泛应用于火灾保险和企业财产保险。

(三)增减法

增减法亦称修正法,它是以分类法分类为基础,在已规定的同类基本费率前提下,根据经验对基本费率进行增减修正而确定费率的一种方法。

增减法既具有灵活性,又符合客观实际,能更好地体现保险费率的公平原则,是一种科学实用的方法。增减法在具体运用中,又可分为以下三种。

1. 表定法

表定法是保险人对每一具有相似危险的类别规定若干客观标准,然后依照这些标准情况下的危险程度制定基准费率,并以表格形式列示。保险公司核保人员将实际投保标的所具有的危险程度与原定标准对照比较,若各项条件较原定标准好,则按基准费率进行减少修正,反之则作增加修正。

表定法适用性很强,可对各种规模的投保单位所具有的同种性质

不同程度的危险确定具体费率。表定法根据各投保单位安全防护措施、管理制度的完善情况，可对费率作增减修正，这有利于鼓励和促进被保险人积极做好安全防范工作，减少灾害损失。但表定法的灵活性一旦为保险公司业务人员所把握，有时也会由于竞争和其他因素而发生波动偏差。

2. 经验法

经验法是根据被保险人以往的损失经历和经验，对分类费率进行增减变动而制定的费率。它一般以被保险人在过去一段时期内（通常为 5 年）的平均损失为依据，制定未来时期保险人可采用的费率。

经验法确定的费率大多适用于主观危险因素较多、损失变动幅度较大的危险。如机动车辆保险、公众责任保险、盗窃保险都是依据以往损失发生频率和受损程度修正基准费率的。

3. 追溯法

追溯法是以保险期内保险标的实际损失为基础，计算被保险人当期应交的保险费。由于保险标的实际损失情况必须到保险期满后才能见分晓，因而确切的应交保险费也必然在期满后才能计算。于是，使用追溯法时就须在保险期限开始前，以其他类型费率作为预定费率，到期满后再根据实际损失对已交保险费作修正。

尽管世界各国制定费率的具体方法依不同险种而各异，而且在激烈的竞争中，各国越来越倾向于采用费率的自由化政策，费率会波动，会依各个公司的经营规模和效率表现出差异，但是任何一个长期获得卓有成效经营结果的保险公司都必然会自觉遵循适当性、合理性和公平性的原则，既保持强大的竞争实力，又保证良好的经营业绩。

四、我国目前采用的工程保险费率的确定方法

由于工程风险的复杂性，对于工程保险费率的计算各国都有不同的方法。目前，我国采用最大可能损失法（简称 PML，Probable Maximum Loss 法）计算工程保险费率，它是指运用概率理论，对风险单位在通常情况下，因一次致损事件而可能遭到的最大损失估计值。一般将发生可能性极小的巧合和巨灾风险忽略不计。最大可能损失观念是美

国学者阿兰·费里德兰德(Alan Friedlander)提出的衡量每一建筑物在每一事件发生时,由于火灾蔓延至防火墙或直至燃烧尽,或直至公共消防队到现场的情况下而发生的最大损失。

对于 PML 的计算方法保险界没有统一的标准,以致造成评估上的偏差。计算 PML 的基本原则是:将承保标的按一定方式划分为多个风险单位,估计出各风险单位在发生事故时的损失值,其中最大的单位损失即为该标的的 PML 值。其中风险单位是指发生一次保险事故可能造成风险标的的损失范围,它是保险人确定其能够承担的最高保险责任的计算基础。风险单位在不同的场合有不同的含义。例如,在车辆保险中,以每一辆车为一个风险单位。在火险中,PML 的确定包括危险单位的划分和危险单位损失程度的估算两部分。将承保标的划分为多个危险单位后,计算各危险单位在发生火灾时的损失值,其最大的损失值即为火灾的 PML 值。

五、大型调水工程保险费率的确定

(一)大型调水工程保险费率的确定方法

本书采用一般险种保险费率制定的基本方法中的修正法,即以各保险公司参考国际工程保险经验费率,并依据类似工程项目的保险实际赔付率,逐步修正的工程保险分类费率表作为基本费率,然后运用层次分析法将工程项目的实际风险进行评估的结果作为调整基本费率的依据,确定与大型调水工程实际风险大小相符的保险费率。本书所采用方法的主要特点是:第一,该法考虑了工程项目实际风险的大小,并且改变了过去没有独立的、针对特定项目的人为差错风险评估的缺点;第二,该法以经验费率和类似工程实际赔付率为基本费率,考虑了工程风险损失的客观规律性,包括工程技术、社会经济、自然环境条件的区域性和短期内时空因素的稳定性和长期内时空影响因素的规律性;第三,该法符合大型调水工程建设周期长、项目分布范围大,以及风险的复杂性、多层次性等特征。

(二)大型调水工程保险费率确定的依据

正如第一章所论述,大型调水工程保险由于其保险期限长,涉及因素多,损失风险大,因此没有统一固定的保险费率。国际保险界对工程保险一般实行"保险费率现开"的原则,即根据具体工程的实际情况,由保险人提出并与投保人协商确定保险费率的数值。大型调水工程是沿输水线路布置的群体工程项目,其保险费率则实行类似的"约定现开保单"(详见第二章第三节)。

保险费率的制定是一项复杂的工作,既要考虑每项工程的具体情况和承保条件,又要考虑费率在保险市场上具有竞争性和保险人同类业务的经营情况,要做到这点,必须有详细的工程资料,并作深入调查和工程项目的风险分析评估等。大型调水工程保险费率制定的依据主要考虑三个方面:

(1)承保责任范围的大小。主要包括保险责任及除外责任、保险金额、保险期限及特种危险赔偿责任等。

(2)工程项目本身的危险程度。主要包括:

①工程所在地的区域性风险。如地震发生的可能性及烈度、气象特征、汛期长短及严重性、地区防洪标准、台风、暴风雨等。

②工程项目所在地的环境风险。如自然地理和经济条件、周边建筑物以及工矿企业、农作物、森林植被、地下管线等。

③工程性质。主要包括工程等级、建筑规模、功能用途、结构类型、主要结构材料、基础埋深、技术复杂程度等。

④施工方法及施工设备。有些施工方法是成熟的成套技术,有些是不很成熟的;有些施工质量的检测手段完善可靠,有些施工质量比较难以控制和检测;各种施工设备的危险程度也各不相同。

⑤工程施工的现场管理及工程承包人资信、经验、能力等。

(3)同类工程保险历史赔付率或损失率。

同类工程的风险具有一定的相似性,其历史赔付率或损失率反映同类工程在特定环境(自然、地理、社会、经济等)下的工程风险运动规律的结果,是工程风险及风险管理水平最直接、最真实的表现。同类工程保险历史赔付率或损失率是工程保险费率制定的重要依据之一。问题的关键是同类工程保险历史数据的代表性如何,如能满足数理统计要求,则其便具有很高的参考价值;如数据代表性较差,在制定费率时的价值就应区别对待。

（三）大型调水工程保险费率的计算公式

目前,各保险公司根据国内工程风险水平,参照国际上执行的工程保险费率,都有一个工程保险参考费率表。如表 4-11 所示为某保险公司的工程保险参考费率。

表 4-11　工程保险参考费率

（建筑工程一切险,物质损失部分）

名称	项目	费率幅度	拟定条件
建工险	住宅大楼、综合性大楼、饭店、商店、办公大楼、医院、学校大楼、仓库及普通工厂厂房	1.2‰ ~ 2.2‰	1. 无特种巨灾风险地区; 2. 工期为三年以下(不含保质期); 3. 保险金额 USD2 000 元万以下,免赔额 USD1 500 ~ 2 500;保险金额 USD2 000 万 ~ 5 000 万元,免赔额 USD2 500 ~ 4 000;保险金额 USD5 000 万元以上,免赔额 USD 4 000 ~ 8 000;特大型工程 USD1 亿元以上,免赔额 USD 10 000 以上
	道路	3‰ ~ 4‰(普通) 4‰ ~ 7‰(高级或高速)	1. 免赔额,一般风险 USD 2 000 ~ 5 000,特种风险 USD5 000 ~ 8 000 或损失的 10% ~ 20%(以高者为准); 2. 地震、海啸风险赔偿限额,总保险金额的 60% ~ 80%
	码头、水坝	3.5‰ ~ 6‰	
	隧洞、桥梁、管道	4‰ ~ 8‰	
	机场(综合项目)	3% ~ 5.5%	

不难看出,上述工程保险参考费率是一个平均费率,具有区域性和建筑结构功能类别之差别。为更合理地确定大型调水工程项目保险费率,除应考虑上述因素外,还应考虑工程地理位置、特征,以及其建筑结构性能对工程保险费率的影响。本节对表 4-11 进行修改,修改结果见表 4-12。

表 4-12　工程保险基本费率　　　　　　　　(‰)

工程地理位置	结构易损性		
及特征	A 级 $E \geqslant 5.25$	B 级 $2.5 \leqslant E < 5.25$	C 级 $E < 2.5$

注:①本表是一个空表,具体数据应由保险公司根据已有的参考保险费率和区域特征(可
　　参考我国已有的地震区划图、洪水风险区划图、台风分区图、暴雨等值曲线图等),以
　　及工程结构易损性逐步填写。
　②地理位置及特征:主要考虑工程区域性风险及其所在地的地貌(如丘岭山区、平原区
　　等)和社会、经济状况等。
　③水工建筑结构的易损性计算方法详见本章第二节的内容。
　④E 为易损性标准:$E \geqslant 5.25$ 为高风险,$2.5 \leqslant E < 2.5$ 为中风险,$E < 2.5$ 为低风险。

根据上述所采用的确定大型调水工程保险费率的方法,分别用保险费率调整系数 α 和 β 来考虑项目的人为差错风险和项目局域性特有风险。

大型调水工程保险费率计算公式为

$$\gamma = \alpha \times 基本费率 \times (1 + \beta) \qquad (4-15)$$

式中　γ——工程项目保险费率;

　　　α——人为差错风险调整系数;

　　　β——项目局域性特有风险保险费率增量。

六、大型调水工程保险费率参数的确定

(一)基本费率

由于受本书研究目的和篇幅所限,在此仅讨论工程保险费率的纯费率。

大型调水工程将工程风险分为三类:人为差错风险、项目区域性风险和项目局域性风险。根据各类风险的特征,将工程保险的基本费率定义为:根据工程所在地的地理位置、特征及工程结构类型,依据同类工程历史平均保额损失率所确定的工程保险费率。

平均保额损失率是一定时期内保险金额与总赔付数额的比率,其计算方法如下:

$$平均保额损失率 = \frac{一定时期保险赔付总额}{一定时期保险金额总额} \times 1\,000‰ \qquad (4\text{-}16)$$

影响平均保额损失率的因素主要有:A—保险事故的发生频率;B—保险事故的损毁率;C—保险标的的损毁程度;D—受损保险标的平均保额与总平均保额的比例。此外,还可将四个因素分为六个基本项目:a—保险标的数量;b—总保险金额;c—保险事故次数;d—受损保险标的数量;e—受损保险标的保险金额;f—总赔偿金额。因此,损失率 $= A \times B \times C \times D = c/a \times d/c \times f/e \times e/d \times a/b$。

由于各年实际发生的保额损失率往往不是高于就是低于平均保额损失率,按照概率论的原理,上述由平均保额损失率计算出的纯费率是不稳定的,因此应增加一个纯费率的危险附加率,将平均保额损失率与危险附加率之和作为预期的纯保险费率。按照数理统计学原理,平均保额方差代表实际发生的保额损失率与平均保额损失率之差的平均值,它的计算公式为

$$\sigma = \sqrt{\frac{\sum_{i=1}^{n}(X_i - \overline{X})^2}{n}} \qquad (4\text{-}17)$$

其中

$$\overline{X} = \sum_{i=1}^{n}(X_i/n)$$

式中　σ——平均保额损失率的均方差;

　　　X_i——各年的保额损失率;

　　　n——数列中的年份数量。

一般对于强制性保险,由于保险标的的广泛性和连续性(续保),这种不稳定性相对较小,采用一个均方差就足够;而对于自愿保险险种,由于"逆选择"的影响(保险逆选择是指投保人进行的不利于保险人的选择,在人身保险中表现为身体健康状况不好,死亡率高的人乐于参加死亡保险,并要求较高的保险金额;身体健康状况好,认为自己寿命将比一般人长的人乐于参加年金保险),这种不稳定性相对较大,一

般采用 2~3 个方差。

（二）人为差错风险调整系数 α 的确定方法

人的行为能力调整系数 α 主要是考虑人的行为能力因素对工程风险的影响,包括工程施工、设计、监理、业主与政府、科学试验及技术咨询等因素,其影响贯穿于工程建设的始终。

根据工程实践经验,经专家咨询调查,一般情况下在工程风险事故中,总体上人为差错风险因素占 20%~30%。对于人的行为能力很差的工程,人的因素引起的风险事故所占比例相对更高。因此,根据经验 α 值的大小取决于第三章中人的行为能力的评价结果(见表 4-13),$\alpha = 0.7~1.5$。

表 4-13　人为差错风险 A 与 α 的关系

人为差错风险评估综合评价分值 A	人为差错风险调整系数 α 取值
$A \leqslant 4.0$	$\alpha = 0.7~0.85$
$4.0 < A < 6.0$	$\alpha = 0.85~1.15$
$A \geqslant 6.0$	$\alpha = 1.15~1.5$,或更大的系数

（三）项目局域性特有风险保险费率增量 β 的确定方法

β 值的大小为工程特有风险的调整指标,主要取决于项目特有风险的大小,影响因素包括:

(1)风险因素的多少。

(2)风险发生可能性大小。

(3)风险危害可能性大小。

根据前述工程保险费率计算公式,基本费率是平均费率,并考虑了其变异差别的影响。当所评价项目的风险大于平均水平时,β 为正值;当项目风险小于平均水平时,β 为负值;当风险大小接近平均水平时,β 为零。

按照本章第二节中的项目特有风险评价方法,计算出方案层的各权重并按式(4-14)计算出各风险评估单位的风险分值,按下列情况取 β 值,然后分别按式(4-15)计算各工程段的保险费率,并按工程造价加权平均计算工程项目的保险费率。对于没有巨灾风险或对巨灾有赔偿限额的情况，β 值按表4-14确定。

表4-14　项目特有风险分值 R_t 与 β 值的关系

项目特有风险分值 R_t	特有风险保险费率增量 β
$R_t < 40$	$\beta = -0.5 \sim -0.1$
$40 \leqslant R_t < 55$	$\beta = -0.1 \sim 0.05$
$55 \leqslant R_t < 75$	$\beta = 0.05 \sim 0.2$
$75 \leqslant R_t < 85$	$\beta = 0.2 \sim 0.5$
$R_t \geqslant 85$	$\beta = 0.5 \sim 2.0$，或更大的系数

七、大型调水工程风险评估与工程保险费率的关系

从前面的论述可以看出，确定大型调水工程保险费率主要考虑两大因素：一是工程项目的实际风险的大小，二是类似工程的风险损失历史数据或工程保险赔付率。工程项目的实际风险取决于多种因素，与工程结构的特性、使用功能、场地条件等工程特有的因素有关，也与工程设计、施工技术、方法、措施、工序、设备等工程建设共性因素有关，即与类似工程风险的规律性有关。只有进行具体工程的风险评估，才能确定工程特有的风险和不同工程风险之间的差别，并在工程保险费率中计算反映，这些可以从大型调水工程保险费率的计算公式中体现。

总之，大型调水工程风险评估是确定保险费率的最主要依据，确定合理的工程保险费率是进行大型调水工程风险评估的重要目的之一。

第四节　与大型调水工程保险费率有关的几个问题

一、工程纯保费与免赔额

免赔额是指保险人对损失免付赔偿责任的金额。免赔额分为相对

免赔额和绝对免赔额,相对免赔额指保险标的损失达到规定的免赔额时,保险人按全部损失不作任何扣除如数赔偿;绝对免赔额是指保险标的损失超过免赔额时,仅就超过免赔额的那部分进行赔偿。相对免赔额主要用于减少零星琐碎的小额赔偿,以节省理赔手续和费用。

工程保险一般采用绝对免赔额。免赔额可采用绝对金额或按损失的百分比两种方式。大多数保险人都采用两种方式,取其最高者,此时,免赔额又分为一次事故的免赔额和累计免赔额。工程保险的每次事故免赔额可以根据具体风险的分布情况及危险程度或针对不同的保险项目分别设定。一般情况下,免赔额以自然灾害风险为最高,试车风险居中,其他风险相对较低。

免赔额使投保人基本上没有因保险而获利的机会,能在很大程度上降低道德风险,有利于增加投保人或被保险人的风险管理意识和安全质量管理,减少小额理赔开支,对降低投保人的保险费负担具有重要的意义。工程纯保费与免赔额的关系是反比例关系,即免赔额越高,保险费率越低。

(一)免赔额采用绝对金额与相对损失数的关系

设保险额为 B,损失额为 X,执行赔偿额为 P,免赔额的绝对金额为 m_x,其赔偿额为 P_x,免赔额的相对数(百分比)为 m_j,其赔偿额为 P_j。当免赔额同时采用绝对金额和损失的百分比且取其高者时,免赔额的绝对金额与损失相对比例、保险额、损失之间的关系如表4-15所示。

表4-15　损失赔偿取值计算

条件	赔偿额			
	相对值 P_x	绝对值 P_j	比较	P 值
$X \leqslant m_j$	$X(1-m_x)$	0	$P_x > P_j$	P_j
$m_j < X \leqslant m_j/m_x$	$X(1-m_x)$	$X - m_j$	$P_x > P_j$	P_j
$m_j/m_x < X \leqslant B$	$X(1-m_x)$	$X - m_j$	$P_j > P_x$	P_x
$X > B$	$\min\{X(1-m_x),B\}$	$\min\{X-m_j,B\}$	$P_j > P_x$	P_x
			$P_j = P_x$	B

由表 4-15 可知：

(1) 当损失额大于绝对金额的免赔额而小于绝对金额与损失相对数（百分比）之比时，采用相对百分比的赔偿额大于采用绝对金额的赔偿额。

(2) 当损失额大于免赔绝对金额与损失相对数（百分比）之比而小于保险额与绝对金额之和时，采用绝对金额的赔偿额大于采用损失相对百分比的赔偿额。

最高赔偿额等于保险额或累计最高赔偿限额。

(二) 免赔额与保险费率的关系

根据纯保费拟定原理：纯保费 γ_1 等于期望损失 $E(x)$，即

$$\gamma_1 = \int_0^B x f(x) \mathrm{d}x \qquad (4-18)$$

式中　$f(x)$——损失密度函数；

　　　x——损失值。

当考虑免赔额 m 时

$$\gamma_1 = \int_m^B (x-m) f(x-m) \mathrm{d}x \qquad (4-19)$$

工程保险用来描述损失额所服从分布的类型，通常有以下五种：

(1) 伽玛分布。

(2) 对数伽玛分布。

(3) 对数正态分布。

(4) 威布尔分布。

(5) 佩尔托分布。

考虑免赔额对减小风险和损失的作用及损失额分布规律，纯保费与免赔额为非线性关系，假设不发生巨额风险或不考虑巨灾风险费率，一般免赔额不很大，则随着免赔额的增大，纯保费减少的速度逐步增加。其关系曲线形态如图 4-12 所示（免赔率是指保险人对承保的保险标的发生责任范围内的损失时，在免除部分赔偿责任的百分比）。

二、保险费与保险期限

工程保险期限是指保险人的保险责任自保险工程开工之日起或用

于保险工程的材料、设备运抵工地之时
起,至工程竣工之日止或工程所有人实
际占有或使用部分或全部工程时终止,
以先发生者为准。但在任何情况下,保
险期限的起始或终止不得超出保险单
列明的保险生效日或终止日。由此可
以看出,工程工期与保险期限是不同的
两个概念。工期是指工程开工之日至
工程竣工之日。在时间上两者可能一
致,当发生工程部分先投入使用等情况
时,它们之间是不一致的。

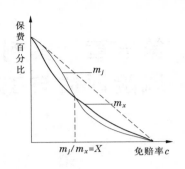

**图 4-12 保险费率与免赔额的
关系曲线**

保险费的计算应充分考虑保险期限对工程风险的影响。一般情况
下,保险期限越长,保险人的责任期越长,各种风险发生的可能性增加,
保险费也相应提高。但是,工程风险的大小并不与保险期限成线性比
例关系,应考虑如下多种因素。

工程风险因素中有一部分是有季节性或周期性的,如洪水、暴雨、
台风、滑坡、泥石流等,一般发生在雨季。因此,在考虑保险期限长短的
同时,要考虑工程施工计划安排及风险的季节性、周期性及重复性,尤
其是雨季往往比旱季风险要大得多。除此之外,根据工程实践经验,一
般在工程施工前期,由于环境客观条件突然受到工程活动影响和实际
土质、岩性地质情况与人们所掌握资料的差异,工程施工技术熟练程度
不如施工后期,加之前期工程结构尚未完善和承受外力功能比较薄弱
等原因,风险相对较大;工程施工中期,风险相对较小,而后期因受试车
或试运行或突然受到水力作用等巨大荷载影响,风险也相对较大。

第五章 案例——东改供水工程风险评估与工程保险费率的确定

第一节 工程项目概况

东改供水工程是从广东省东江调水,为香港、深圳和工程沿线东莞等城镇提供饮用水源及农田灌溉用水的跨流域大型调水工程。为从根本上解决供水系统沿线水质污染问题,东改供水工程建设采用全线封闭式专用输水管道。设计总供水量为 24.23 亿 m^3/年,工程为Ⅰ等工程,主要建筑物为 1 级,次要建筑物为 3 级,设计流量为 100 m^3/s。工程于 2000 年 8 月动工兴建,2002 年 12 月部分投入商业运行,2003 年 6 月工程全部竣工,工程建设总投资为 47 亿元人民币。

东改供水工程主要建筑物有供水泵站、渡槽、隧洞、混凝土箱涵(有压和无压)、人工明渠、混凝土倒虹吸管。此外,还有分水建筑物、桥梁、闸、堰、检修泵房等次要建筑物和运输道路等附属建筑物。

东改供水工程项目的业主是广东粤海集团的广东粤港供水有限公司,广东省水利厅受省政府委托并组建工程建设总指挥部,行使项目法人责权。工程竣工后,按"交钥匙"方式交付给广东粤港供水有限公司。工程建设总指挥部全面负责东改工程从工程设计到竣工验收的建设管理,包括工程设计委托、工程施工发包、工程监理选择、工程材料、设备采购等。

东改供水工程建设实行"三制"(招标投标制、建设监理制和项目法人责任制),对工程施工、材料和工程设备采购等全面实行公开招标,工程施工、设计及征地移民都实行建设监理。在工程安全质量管理上,建立了以质量、安全为核心的工程建设激励机制,包括物质奖励、精神鼓励和遵纪守法等职业道德约束制度等。在整个工程施工期间,总指挥部还聘请会计师事务所、律师事务所、省内外工程技术专家对财务、法律、法规和关键工程技术问题进行咨询。工程管理体系健全、完善。经过全体建设者 3 年的艰苦努力,东改供水工程建设成为"安全、优质、文明、高效"的全国一流的供水工程,并获"部优工程"、"鲁班奖"等殊荣。

第二节　工程项目风险识别

在对工程项目风险识别之前,已收集的资料主要有以下几个方面:

(1)相关设计文件。设计图纸、设计说明(包括施工组织设计、施工总进度计划等)及有关说明、上级主管部门的批文等。

(2)相关设计勘测文件。地质钻探资料及地质报告、地形测量及工程项目测量控制网等。

(3)本工程项目的科研及技术咨询文件。

(4)工程施工承包招标投标文件。

(5)工程承包合同及其他相关工程项目合同。

(6)工程项目所在地地震烈度、防洪标准、气象资料。

(7)工程现场调查资料及专家咨询意见。

(8)工程执行的有关工程建设的法律、法规、政策及管理规定等。

一、风险评估单位的划分

东改供水工程和其他大型调水工程一样,工程建筑物沿输水线路分布,具有建筑物结构类型多,沿供水线路分散布置,地形、地貌、地质及其他环境条件沿输水线路变化大,工程施工分段发包给多个施工单位等特点。为提高风险评价的合理性和准确性,有必要将工程项目划分成不同的风险评估单位,其划分的主要依据为:

(1)建筑物结构类型、功能。

(2)地质、地形、地貌差别及特点。

(3)主要风险因素差别及特点(包括人为差错风险因素的差别)。

根据以上风险评估单位划分原则,将东改供水工程划分为 11 个风险评价单位,如表 5-1 所示。

表 5-1 东改供水工程风险评价单位划分 （单位:万元）

序号	风险评价单位名称	主要建筑物	土建合同价
1	旗金泵站	泵站枢纽	17 000
2	莲湖泵站	泵站枢纽	7 600
3	樟旗金渡槽	预应力混凝土渡槽	19 000
4	走石窑隧洞	无压隧洞	24 900
5	风沙隧洞	无压隧洞	18 000
6	无压箱涵	混凝土箱涵	36 600
7	有压箱涵	混凝土箱涵	18 000
8	倒虹吸	混凝土倒虹吸	2 000
9	预应力地下埋管	混凝土预应力管	17 200
10	人工渠道改扩建	土堤或混凝土挡墙	2 500
11	特别次要建筑物及附属工程		

二、项目风险识别

受篇幅所限,仅以樟旗金渡槽为例进行风险分析评估,其他风险评价单位的风险评估方法同樟旗金渡槽,仅给出结果,不作过程分析说明。本案例工程项目风险综合分析评估方法及结果详见本章第四节。

(一)工程项目人为差错风险

本例渡槽由两家施工单位承包,都是国家一级工程施工企业,具有较丰富的同类工程施工经验,施工技术力量较强。工程采用单价合同,合同工期为 3 年,工期压力较小。施工作业环境中,渡槽槽身及支撑结构多属高空作业,其他施工作业环境条件较好;工程设计为国家甲级水利设计资质,具有较强的工程设计技术力量;工程监理为国家甲级水利监理资质,总监理工程师及主要监理人员的监理经验比较丰富。

(二)工程项目区域性风险

工程所在地为广东珠江三角洲地区,经济发达、社会稳定。工程项目区域性风险主要有:①每年 7～10 月受台风影响;②建筑物地震设计烈度为 7 度;③每年雨季为 4～10 月,年降水量较大;④每年 5～10 月气温较高,平均 30 ℃,最高 38 ℃。

(三)工程项目特有风险

樟旗金渡槽全长 2.3＋1.8 km,结构为梁式 U 形混凝土双向预应力薄壳渡槽,为混凝土灌注桩基础,单跨 24 m 或 12 m,设计断面为 8 m×6.1 m(宽×高)(内净断面 7 m×5.6 m),设计过水流量为 90 m³/s。

1.地基与基础

渡槽采用混凝土灌注桩基础,由于受地形、地质变化影响较大,桩基质量是主要风险之一。

有利因素:

(1)由于渡槽为少桩基础,设计按单桩基础考虑,每一承台均进行地质钻探,地质资料较齐全。

(2)桩基质量检测:每桩均进行低应变检测,并且每桩设三支超声波检测管。按规范规定进行高应变检测和抽芯检测、静载试验。

不利因素:

(1)虽有较齐全的地质资料,但不能完全排除或避免不可知地质变化,如孤石、流砂、软弱夹层等,设计要求桩底端应支撑在微风化基岩上,但施工时可能出现误判而引发质量事故。

(2)由于桩基础施工为地下隐蔽施工,虽有较严格的质量检测措施,但低应变及高应变检测的准确性有一定限度。根据经验,一般高低应变检测的准确度为 80%～90%;抽芯检测代表性也有一定限度,仍不能完全避免不合格桩的出现;桩倾斜度也是一个值得注意的施工控制难题;桩基的短桩等道德风险一般相对较大。

2.土石方开挖边界

由于桩基承台开挖坡度较小,滑坡及对周边的影响风险基本没有,但地下管线有一定风险。

3. 地貌灾害

渡槽所处地形主要为浅山丘陵,由于地形相对较缓,发生滑坡、泥石流的可能性较小。

4. 近临洪水

渡槽虽有两处跨越河道,但由于采用架槽机过孔,工程施工难度小,比较安全。

5. 设备

渡槽施工采用的设备主要包括桩基设备、混凝土运输设备、吊装设备及架槽机。

主要风险:

(1)由于渡槽槽身为薄壳结构,一次成型,防渗要求较高,当混凝土浇筑过程中出现设备故障而中断施工时,工程质量将受到较大影响。

(2)架槽机为新型设备,如此大规模吊装在国内尚属首次使用。一旦槽身过孔时出现故障,将对工程质量和安全造成严重后果。

6. 混凝土模板支撑

渡槽分两类,一类为24 m跨,混凝土模板采用先进新型设备——架槽机安装;另一类为12 m跨,混凝土模板采用标准钢模拼装而成,其支撑结构为坐落在天然地基上的贝雷架。由于模板支撑结构的地基软硬有别,在施工中进行了相应处理,但因其为临时工程,质量控制程序较松,仍存在隐患,可能产生较大不均匀沉陷而影响渡槽槽身质量。

7. 渡槽槽身结构

不利因素:

(1)渡槽槽身结构为全国最大的 U 形双向预应力混凝土薄壳结构。

(2)其施工工艺虽国内采用过,但规模远比此小,混凝土质量的保障有一定风险。

(3)其结构设计虽采用过,有一些经验,但都是单向预应力或规模较小,结构的合理性及可靠性有一定风险。

(4)渡槽设计水深4.94 m,而壁厚仅为35 cm,虽采用了双向预应力,但防渗功能仍有一定风险。

（5）实施预应力可能失效或其他预应力出现质量缺陷。

有利因素：工程业主在工程施工前进行了专家咨询并进行原型结构及施工工艺试验，为证明渡槽安全性提供真实、科学的数据。

8. 试运行

渡槽冲水时，加载速度不是很大，并考虑渡槽上部结构的可靠性，风险不大，最大的风险是因桩基质量不能承受设计荷载而导致事故。

第三节　风险评估及保险费率的确定

一、渡槽人为差错风险评价

本案例渡槽虽由两家施工单位承包，但都是国家一级工程施工企业，具有较丰富的同类工程施工经验，在企业资质、业绩、技能和人员技术素质方面基本相同，按统一标准考虑。

（一）施工企业人为差错风险评价

施工企业人为差错风险评价见表5-2。

表 5-2　施工企业人为差错风险评价

序号	项目	权重	低风险 3	一般风险 5	高风险 9	风险分值
1	企业及项目成本管理体制	0.025		5		0.125
2	企业资质,社会信誉及财务资信	0.021	3			0.063
3	企业业绩及经验	0.044		5		0.220
4	项目执行经理及技术负责人素质	0.134		4		0.536
5	技术管理人员及技术工人素质	0.180			6	1.080
6	工期压力、施工作业环境条件	0.102		5		0.510
7	综合评分			Σ		2.534

(二)项目设计人为差错风险评价

项目设计人为差错风险评价见表 5-3。

表 5-3　项目设计人为差错风险评价

序号	项目	权重	低风险 3	一般风险 5	高风险 9	风险分值
1	资质及管理	0.026		4		0.104
2	社会信誉、业绩与经验	0.059	3			0.177
3	项目设计人员素质：人数、职称、经验、专业配套等	0.196		4		0.784
4	技术咨询及科学试验	0.067	3			0.201
	综合评分			Σ		1.266

(三)项目业主与政府管理人为差错风险评价

项目业主与政府管理人为差错风险评价见表 5-4。

表 5-4　项目业主及政府管理人为差错风险评价

序号	项目	权重	低风险 3	一般风险 5	高风险 9	风险分值
1	管理体制及人员素质	0.019	2			0.038
2	项目招标投标	0.008	3			0.024
3	项目资金供应,合同类型	0.019	2			0.038
4	政府管理	0.002		4		0.008
5	综合评分			Σ		0.108

(四)项目监理人为差错风险评价

项目监理人为差错风险评价见表 5-5。

表 5-5　项目监理人为差错风险评价

序号	项目	权重	低风险	一般风险	高风险	风险分值
			3	5	9	
1	企业资质及项目管理	0.008		4		0.032
2	社会信誉、业绩及经验	0.013	3			0.039
3	总监素质	0.050	3			0.15
4	其他监理人员素质:数量、专业配套、职称、经验	0.029	3			0.087
5	综合评价			Σ		0.308

人为差错风险评价分值:

$A = \sum A_i = 4.216$,樟旗金渡槽工程人为差错风险综合评价为:一般偏低风险。

二、项目区域风险评价

本工程风险主要有:地震设计烈度 7 级;7~10 月有台风;4~10 月有暴雨;5~10 月气温较高,建筑物渡槽结构虽为薄壳结构,但因混凝土缓凝剂使用工艺较成熟,故影响不大。

其风险大小按国家有关区域划分评价为:一般偏低风险。

三、项目特有风险评价

(一)风险因素的权重计算

根据上述项目特有的风险识别,主要存在地基与基础风险、土石方开挖边界风险、施工设备风险和混凝土模板支撑风险,各种风险层次结构见图 5-1~图 5-4。

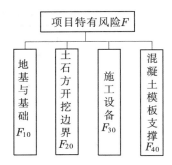

图 5-1 项目特有风险层次结构

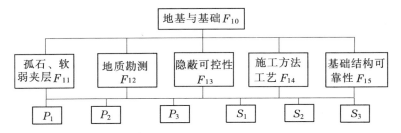

图 5-2 地基与基础风险层次结构

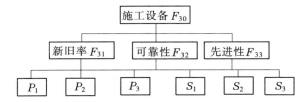

图 5-3 施工设备风险层次结构

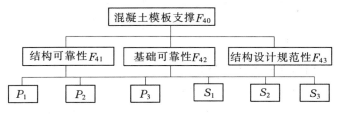

图 5-4 混凝土模板支撑风险层次结构

项目特有风险层次判断矩阵 $F \sim F_{i0}$ 为

F	F_{10}	F_{20}	F_{30}	F_{40}
F_{10}	1	7	5	5
F_{20}	1/7	1	1/3	1/3
F_{30}	1/5	3	1	1
F_{40}	1/5	3	1	1

地基与基础风险层次判断矩阵 $F_{10} \sim F_{1i}$ 为

F_{10}	F_{11}	F_{12}	F_{13}	F_{14}	F_{15}
F_{11}	1	1	3	5	7
F_{12}	1	1	3	5	7
F_{13}	1/3	1/3	1	3	5
F_{14}	1/5	1/5	1/3	1	3
F_{15}	1/7	1/7	1/5	1/3	1

施工设备风险层次判断矩阵 $F_{30} \sim F_{3i}$ 为

F_{30}	F_{31}	F_{32}	F_{33}
F_{31}	1	1/2	3
F_{32}	2	1	5
F_{33}	1/3	1/5	1

混凝土模板支撑风险层次判断矩阵 $F_{40} \sim F_{4i}$ 为

F_{40}	F_{41}	F_{42}	F_{43}
F_{41}	1	1/3	1
F_{42}	3	1	3
F_{43}	1	1/3	1

先确定各层次结构的因素权重。

（1）计算判断矩阵 F—F_{i0}，其权重计算及一致性检验同第四章第二节中人为差错风险层次结构的因素权重计算方法，下同。

$$W_0 = \begin{bmatrix} 0.632 \\ 0.062 \\ 0.153 \\ 0.153 \end{bmatrix}$$

$\lambda_{max} = 4.073$，$CI_0 = 0.024$，$RI_0 = 0.9$，$CR_0 = 0.027 < 0.1$，通过一致性检验。

（2）计算判断矩阵 F_{10}—F_{1i}。

$$W_1 = \begin{bmatrix} 0.364 \\ 0.364 \\ 0.159 \\ 0.075 \\ 0.038 \end{bmatrix}$$

$\lambda_{max} = 5.136$，$CI_1 = 0.034$，$RI_1 = 1.12$，$CR_1 = 0.03 < 0.1$，通过一致性检验。

（3）计算判断矩阵 F_{30}—F_{3i}。

$$W_3 = \begin{bmatrix} 0.309 \\ 0.582 \\ 0.109 \end{bmatrix}$$

$\lambda_{max} = 3$，$CI_3 = 0.002$，$RI_3 = 0.58$，$CR_3 = 0.003 < 0.1$，通过一致性检验。

（4）计算判断矩阵 F_{40}—F_{4i}。

$$W_4 = \begin{bmatrix} 0.2 \\ 0.6 \\ 0.2 \end{bmatrix}$$

$\lambda_{max} = 3$，$CI_4 = 0$，$RI_4 = 0.58$，$CR_4 = 0 < 0.1$，通过一致性检验。

（5）层次的总排序。

层次总排序权重计算公式如下：

$$W_{11} = W_2^T \times W_0 = \begin{bmatrix} 0.230 \\ 0.230 \\ 0.100 \\ 0.048 \\ 0.024 \end{bmatrix}; W_{12} = W_2^T \times W_0 = [\,0.062\,];$$

$$W_{13} = W_3^T \times W_0 = \begin{bmatrix} 0.047 \\ 0.089 \\ 0.017 \end{bmatrix}; W_{14} = W_4^T \times W_0 = \begin{bmatrix} 0.031 \\ 0.092 \\ 0.031 \end{bmatrix}。$$

总的一致性检验结果如下：

CI_1	CI_2	CI_3	CI_4
0.034	0.000	0.002	0.000
RI_1	RI_2	RI_3	RI_4
1.120	0.000	0.580	0.580

CI	0.022
RI	0.886
CR	0.025

< 0.1，通过一致性检验。

注：W_2 是土石开挖边界判断矩阵，由单个风险因素地下管线风险组成，故 $W_2 = [\,0.062\,]$。

项目特有风险各因素综合权重见表5-6。

表5-6　项目特有风险各因素综合权重

名称	权重	名称	权重	名称	权重
F_{11}	0.230	F_{15}	0.024	F_{33}	0.017
F_{12}	0.230	F_{21}	0.062	F_{41}	0.031
F_{13}	0.100	F_{31}	0.047	F_{42}	0.092
F_{14}	0.048	F_{32}	0.089	F_{43}	0.031

注：F_{21} 为土石方开挖边界风险中的地下管线风险，由各权重和等于1计算出。

（二）项目特有风险的风险分值计算

根据本书第四章第二节所述项目特有风险评估方法，按照式（4-9）将渡槽工程项目特有风险分值计算过程及结果列于表5-7。其中，风险项目数量系数计算如下。

假设(1)$P_低 = 0.1, P_中 = 0.01, P_高 = 0.001$(见表5-7)。

表 5-7　项目特有风险评价计算

P	权重	风险可能性	损失可能性			相应风险标度			风险分值
			$S_大$	$S_中$	$S_小$	$S_大$	$S_中$	$S_小$	
F_{11}	0.2300	$P_中$	0.005	0.020	0.975	1 024	64	1.00	18.66
F_{12}	0.2300	$P_低$	0.005	0.020	0.975	16	4	0.25	1.02
F_{13}	0.1004	$P_高$	0.001	0.010	0.989	4 096	256	3.00	10.63
F_{14}	0.0476	$P_中$	0.005	0.010	0.985	1 024	64	1.00	3.53
F_{15}	0.0242	$P_低$	0.400	0.400	0.200	16	4	0.25	2.14
F_{21}	0.0617	$P_低$	0.001	0.300	0.699	16	4	0.25	0.94
F_{31}	0.0473	$P_中$	0.000	0.010	0.990	1 024	64	1.00	0.90
F_{32}	0.0890	$P_低$	0.001	0.200	0.799	16	4	0.25	0.99
F_{33}	0.0167	$P_低$	0.001	0.010	0.989	16	4	0.25	0.06
F_{41}	0.0306	$P_中$	0.000	0.400	0.600	1 024	64	1.00	8.82
F_{42}	0.0918	$P_高$	0.000	0.005	0.995	4 096	256	4.00	5.31
F_{43}	0.0306	$P_低$	0.000	0.300	0.700	16	4	0.25	0.46
综合								$\Sigma = 53.46$	

注:损失的可能性是指当风险发生时,损失大、中、小的可能性。

(2)发生的概率小于 $1/10^4$ 的风险事件忽略不计。

由以上假设可得:两个风险项目同时发生,可忽略两个 $P_低$ 组合和 $P_中$ 与 $P_低$ 组合;三个风险项目同时发生只考虑三个 $P_高$ 组合和两个 $P_高$ 与一个 $P_中$ 组合;四个风险项目同时发生仅考虑四个 $P_高$ 组合。

$$n = N\left[1 - \left(\sum P_i P_j + \sum P_i P_j P_k + \sum P_i P_j P_k P_h\right) \Big/ \sum P_i\right]$$
$$(i \neq j \neq k \neq h)$$

式中　N——风险项目个数;

　　　n——风险项目数量系数;

　　　$P_i、P_j、P_k、P_n$——各种风险可能发生的概率大小,用 $P_高、P_中、P_低$ 表示。

表 5-7 中 $n = 12 \times [1 - (205/104) \times (103/246)] = 11$。

(三)结构易损性计算

根据渡槽风险识别分析,渡槽结构易损性各因素风险等级及易损性评价过程及成果如表 5-8 所示,其中各因素权重采用第四章第二节中结构易损性层次结构权重成果,见表 5-8。

表 5-8 渡槽结构易损性计算

项目	权重	高	中	低	易损性 E
		9	5	3	
复杂性 E_{10}	0.083	7			0.581
材料 E_{20}	0.199		4		0.796
设计标准 E_{30}	0.088			3	0.264
技术可靠性 E_{40}	0.263		5		1.315
可预见性 E_{50}	0.367		4		1.468
总分值 E	1.000	$\sum (e_i b_i)$			4.424

四、渡槽保险费率的确定

(一)樟旗金渡槽保险费率

根据表 4-11,渡槽类似桥梁工程,可按 $\gamma_0 = 4‰ \sim 8‰$ 考虑;根据表 5-8,$E = 4.424$,结构物易损性属中等,按表 4-12 中的 B 级取费 6.5‰,附加费率按 20% 考虑,则纯费率:6.5‰ × 0.8 = 5.2‰。

1. α 的确定方法

经计算,人为差错风险综合评价分值为 $A = 4.17$,风险"中低"。根据人为差错风险 A 值与人为差错风险调整系数的关系表 4-13,取 $\alpha = 0.87$。

2. β 的确定方法

对于没有巨灾风险或对巨灾进行保险限额的情况下,经计算,项目

特有风险分值 $R_t = 53.53$,根据项目特有风险 R_t 与 β 关系表4-14,取 $\beta = 0.02$。

根据式(4-15),保险费率为

$$\gamma = 0.87 \times 5.2\text{‰} \times (1 + 0.02) = 4.61\text{‰}$$

(二)东改供水工程整个工程项目的保险费率

按照上述樟旗金渡槽工程保险费率的确定方法和风险评估单位,即保险费率计算单位划分,各保险单元工程保险费率及整个土建工程项目保险费率的确定如表5-9所示。

表5-9 东改供水工程风险评价单位评估成果

序号	风险评价单元名称	土建合同价（万元）	人的行为能力 A	项目特有风险 N	α	β	易损性 E	基本费率（‰）	纯保费率 γ(‰)
1	旗金泵站	17 000	4.46	49.6	0.88	−0.05	3.76	4.5×0.8	3.01
2	莲湖泵站	7 600	5.86	59.7	1.10	0.08	3.95	4.6×0.8	4.47
3	樟旗金渡槽	19 000	4.17	53.5	0.87	0.02	4.424	6.0×0.8	4.62
4	走石窑隧洞	24 900	4.25	62.5	0.86	0.10	3.82	5.5×0.8	4.16
5	风沙隧洞	18 000	4.54	82.6	0.90	0.35	5.80	7.5×0.8	7.29
6	无压箱涵	36 600	5.12	38.5	0.95	−0.15	2.45	3.5×0.8	2.26
7	有压箱涵	18 000	4.80	49.2	0.98	−0.05	2.56	3.5×0.8	2.61
8	倒虹吸	2 000	5.30	65.3	1.05	0.15	3.65	4.0×0.8	3.86
9	预应力地下埋管	17 200	4.52	55.6	0.90	0.05	4.15	6.0×0.8	4.53
10	人工渠道改扩建	2 500	5.86	48.6	1.10	0.01	3.85	4.5×0.8	4.00
11	特别次要建筑物及附属工程	*	*	*	*	*	*	*	*
12	项目综合（加权平均）	[Σ（合同价×纯保费率）/总合同价]×‰ = (63.31/16.28)×‰ = 3.89‰							

东改供水工程保险综合费率为3.89‰,基本与工程实际的保险费率(3.10‰)一致。

第四节 综合评价

一、工程项目风险等级

从以上风险评价结果可以看出：

（1）人为差错风险等级为中偏低。

（2）项目区域性风险等级为中偏低。

（3）项目局域性风险等级：建筑结构易损性为中偏高，项目局域性特有风险等级为中偏高，项目局域性风险综合等级为中偏高。

按照第四章第二节图 4-1 工程项目风险评价层次结构模型，经专家调查，给出项目风险评价层次判断矩阵 $H \sim H_{i0}$ 为

	人	区	特	易
H	H_{10}	H_{20}	H_{30}	H_{40}
H_{10}	1	5	1/3	1/2
H_{20}	1/5	1	1/7	1/6
H_{30}	3	7	1	2
H_{40}	2	6	1/2	1

权重计算成果如表 5-10 所示。

表 5-10　权重计算成果

名称	人为差错风险	区域性风险	局域性特有风险	结构易损性
权重	0.179	0.049	0.478	0.294
风险等级	中偏低	中偏低	中偏高	中偏高

工程风险综合评价：本案例中樟旗金渡槽工程经风险评估高风险占 38.5%，中风险占 50%，低风险占 11.5%。工程项目风险等级为中

偏高。

其他风险评估单位的工程风险综合评价采用同样的方法。对于整个工程项目,则可按工程造价经加权平均进行综合评价。

二、樟旗金渡槽工程风险管理建议

(1)本案例人为差错风险中,风险的大小主要取决于施工单位,最主要的风险因素是施工企业的技术管理人员及技术工人素质,其次是设计工程师素质、施工企业项目经理和技术负责人素质、工期压力及高空作业等施工环境的影响。次要风险因素中的前两个因素,即设计工程师及施工项目经理和技术负责人,虽风险不高,但其对于风险影响的重要性较高,若在工程实施过程中发生不利变化,对工程风险影响较大,应予以关注。

(2)本案例从结构易损性分析可以看出:结构的复杂性影响最大。在施工中,应做好细致的施工技术措施。渡槽槽身结构的设计技术可靠性、渡槽槽身施工工艺完善性(即不可预见性)也是重要影响因素。

(3)本案例项目局域性特有风险中,最主要的风险因素是桩基施工中可能遇到的孤石、流砂、软弱夹层对桩基承载力的影响,其次是桩基质量检测的隐蔽性和渡槽槽身混凝土模板支撑结构的可靠性。

三、东改供水工程保险费率

经过对东改供水工程风险评估,按照大型调水工程保险费率计算公式,求得东改供水工程保险费率为 3.89‰,与工程实际的保险费率(3.10‰)基本一致。这说明本书所采用的应用风险评估确定大型调水工程保险费率的方法具有一定的可靠性和可操作性,可用于指导费率的拟定。在此需要说明的是,本书在前文论述中强调了仅考虑纯费率,而本案例所求得的工程保险费率是建筑工程一切险费率中的物质损失保险费率,其原因如下:

(1)本案例中的保险费率是以包含保险附加费率在内的保险基本费率为基数,通过项目局域性特有风险保险费率增量 β 和人为差错风险调整系数 α 的调整所求得的。

（2）目前,保险公司在确定保险附加费率时,大都按占纯费率的一定比例收取。

（3）一般来讲,建筑工程一切险中物质损失部分的保险费率和第三者责任保险费率是分别考虑计取的。

第五节 大型调水工程保险实施中的若干建议

作者根据东改供水工程保险实施中的经验和教训,结合本书调查、研究中掌握的有关实际情况,提出以下大型调水工程保险实施中的一些建议。

一、保险计划安排

大型调水工程保险与其他工程保险不同的是:它是沿输水线路分布着不同类型建筑物的群体工程项目,被分为许多工程段。这些工程段往往开工时间不同,完工时间可能也不同,其风险特征及风险大小的差别就更明显。因此,保险计划安排就变得很重要。除应认真研究何种风险应由保险公司承保、何种风险应自留等不同的风险处理方案外,在实施工程保险时,作者建议:

（1）整个工程各工程段一般应选择一家保险公司承保,并由工程业主统一组织对保险人的选择。对于特大型工程,当不同工程段开工时间跨度较大时,也不宜选择太多的不同的保险公司来承保,以取得优惠的保险费率,防止不同工程段保险合同之间的重复交叉投保和漏保。根据保险大数定律,具有不同场地条件、不同建筑物类型、不同风险特点的工程段愈多,其风险损失分布期望值的稳定性就愈好,可以减少保险费率中不稳定系数的取值,少收保险费,并有利于稳定保险公司的经营,对保险人和被保险人都有利。由于大型调水工程保险额巨大,应由该承保公司进行再保险,以确保其理赔支付能力。

（2）分两阶段进行风险评估,采用约定现开保单(或称开口保单)。大型调水工程采用约定现开保单,本书已在第二章第三节论述过,这是大型调水工程建设及其风险特点决定的,也正是因为这些特点,各工程段的开工时间和保险期限不同,确定统一的保单和统一的保险费率时存在一些矛盾,尤其是对人为差错风险的评估不能在同一时间内完成,而是在各工程段承包单位确定后才能进行。因此,大型调水工程风险识别和风险评估分两阶段进行:第一阶段是在工程项目实施初期阶段进行的;第二阶段是在工程施工招标投标完成以后进行的。第一阶段主要对工程项目的区域性风险和项目局域性风险进行识别分析、评价,根据风险评价结果和人为差错风险评价经验,暂定一个保险费率,并签订一个开口保单,保险期限根据工程实施情况来确定;第二阶段主要对人为差错风险进行识别分析、评价,并进一步完善第一阶段的风险评价,在此基础上签订正式的保险合同,确定保险费率。

(3)工程承包合同中的风险分配与保险责任的交叉。工程承包合同中对风险的分配原则是"近因易控",一般将不能控制(也称不可抗力)及业主自身的风险由业主承担;可控制的风险和承包商自身的风险由承包商承担。为防止道德风险,工程保险合同中对物质损失部分的赔付都有规定:当存在重复交叉保险时,按比例分摊赔付而保险人收取了重复的保费,这对被保险人不利。工程承包合同主要包括工程设计合同、工程监理合同、工程施工合同等,如果设计、监理投保了责任保险,在工程保险中不应再考虑设计、监理人员的差错风险(取其风险分值为零)。在工程承包合同与工程保险中,易形成重复交叉保险的还有工程建筑材料或设备产品质量责任保险、工程物资或设备运输保险,场外堆放的保险工程的物资与设备保险等。

二、保险人的选择

在开展工程保险过程中,如何选择一个实力强大、服务质量好的保险人,是被保险人最关注的问题。因此,作者建议:

由于大型调水工程保险的特殊性,在选择保险人时,应采取开放式的邀请招标方式。工程业主邀请几家比较有实力的保险公司,分别进行保险方案的设计,由工程业主统一组织,经评审、谈判、修改保险方案后,择优选取保险人。采用这些方式,可以发挥各保险公司的优势,得到一个符合工程特点、保障比较全面、保险费率较合理的保单。

在选择保险人时,一般工程业主对工程保险专业知识知之甚少,有必要邀请有关方面的专家进行咨询或由工程保险中介机构参与决策。

在选择保险人时,主要应考虑的因素有:保险费率及免赔额、保险责任范围、偿付能力、承保经验及风险评估、合理化建议、对业主要求的响应、服务承诺及优惠条件等。

三、政府或行业管理

政府或行业管理对于在我国广泛推行工程保险制度,尤其是推广制度的初期具有不可替代的作用。政府或行业管理的内容很多,对于工程保险费率方面作者有如下建议。

(一)强制性工程保险

工程保险按实施方式不同可分为强制性保险和自愿性保险。所谓强制性保险,就是按照法律和国家有关规定,工程项目当事人必须投保某些险种的工程保险,但投保人可以自主选择保险公司。根据国际工程保险制度的成功经验,对于涉及国家利益、社会公共利益或公共安全的工程项目,如大型调水工程,应强制实施工程保险,并规定在工程设计概算中单列工程保险费用,以确保工程建设的顺利完成,发挥投资效益,维护公共利益,推动工程保险业务的稳定发展。

(二)对工程保险费率的监管

工程保险费率就是工程保险的价格,是决定工程保险市场是否能健康发展的重要因素之一;政府和行业对工程保险费率的监管是推广工程保险制度,防范保险业风险不可缺少的重要措施之一。政府应对工程保险费率进行宏观的监管,应主要依靠法律、经济制度和对行业机构的引导、管理等手段,保证工程保险市场的规范运作和保险公司的偿付能力。行业对工程保险费率的监管,主要采取行业规范自律约束,实行工程保险实施备案,收集、研究、分析行业工程保险业务统计资料,尤其是工程保险偿付规律的研究,制定行业指导保险费率,建立完善的保险公司信用评审制度,开展各种职业培训教育,组织工程保险学科研究、交流等。

(三)建立工程建设主体信用体系

工程建设主管部门应逐级建立全国范围内的工程建设主体信用体系,充分利用全国很多地方已建立的政务办公网络体系,对各类工程建设有关信息进行收集、加工、整理、发布,并与工程建设主体,尤其是设计、施工、监理等单位信用评级(主要指服务信用)相结合。目前,我国在工程安全事故的上报、处理、备案、统计等方面做了大量工作,但其重点是人员伤亡事故,而忽视物质损失事故(一般由工程承包单位承担责任),不能全面反映工程风险事故发生的规律性和工程建设主体经营管理水平的服务信用。工程建设主体信用体系的建立将在工程建设主体加强企业管理、提高工程风险管理水平和为工程建设人为差错风险评估提供基础资料等方面发挥重要作用。

四、重视工程保险实施过程中的信息不对称问题

在工程保险中,保险人对风险评估、保险知识及有关政策很熟悉,但缺乏相应工程技术知识,很少能够比较系统、科学地进行风险调查和评估;而被保险人对有关工程保险知识,尤其是对保险责任范围、免赔额、保险率及风险损失理赔计算方法等不了解,甚至存在误解,但对工程技术和工程存在的风险因素却比较了解。保险人和被保险人之间存在较严重的信息不对称问题,不利于工程保险政策的推广及应用。因此,在工程保险展业和承保过程中,加强宣传力度,增进保险相对人之间的沟通,引入保险经纪人、保险公估人以及邀请有关专家参与工程保险是很有必要的。

五、充分发挥工程建设监理在工程保险中的作用

工程建设监理受工程业主的委托对工程现场进行监督管理,他们对现场情况比较了解,而且工程技术水平较高,管理能力较强,工作性质相对独立、公正,因此在工程实施和保险理赔中应充分发挥监理所具有的优势。监理在工程保险中对加强风险管理、减少风险损失、收集有关资料、进行风险事故原因分析、初步估算损失费用、确保理赔合理性、降低理赔成本等方面,起着非常重要的作用。

对于国家和地方政府投资的工程,应明确将保险责任范围内风险损失的索赔责任增加给监理,并将监理的相关报酬落实到位,这是完善工程保险索赔的重要措施之一。

六、提高理赔服务质量

被保险人购买保险就是为了发生保险事故时,及时得到经济补偿,理赔服务质量是保险人提高社会信誉、推广工程保险制度、扩大保险市场的关键。保险事故发生时,保险人应及时进行现场勘察,收集有关资料,及时履行赔偿给付保险金的责任,并应抓好以下几个方面的工作:一是保险双方应明确各有关部门的理赔等保险事务处理负责人,有必要时应请有资质的保险公估人参与理赔。二是明确提供资料和往复信函文件的质量要求与时限。三是损失理赔计算方法要加强沟通,解决好工程损坏实际处理方案与理赔损失计算中采用的方案可能不同的问题。如在计算理赔相关费用中,为修复工程损坏部分所用的临时工程项目的费用是否计入的问题,以及保险事故责任或原因的分析界定问题等。

第六章 大型调水工程保险索赔

第一节 大型调水工程保险索赔概述

一、工程保险索赔的意义和作用

大型调水工程的保险索赔工作是指工程建设一旦遭受自然灾害或意外事故造成经济损失时,被保险人按照保险合同规定,通过索赔程序,由保险人承担理赔责任、履行保险义务的具体体现。它也是被保险人,由于通过工程保险措施,依法获得减轻或转移工程风险灾害造成的经济损失,从而保证工程顺利进行的预期结果。

被保险人的索赔或保险人的理赔工作是进一步拓展工程建设保险防灾防损的重要工作内容。大型调水工程保险属高风险险种,它是由工程建筑物沿输水线路分布,工程结构类型多,地形、地貌、地质及其环境条件沿输水线路变化大,工程施工分标段发包给多个施工单位承包等特点所决定的。通过索赔或理赔,可以对工程的区域性风险和局域性风险造成的危害进行统计分类,找出风险事故的规律和原因,制订防灾防损方案,提出整改措施,积极开展防灾防损工作,以减少风险灾害给工程建设带来的危害,确保大型调水工程建设目标的实现。

二、工程保险索赔的原则

大型调水工程保险索赔工作技术含量高,工作量大,情况错综复杂。无论是保险人还是被保险人都必须坚持索赔、理赔原则,认真履行保险合同约定条款,实事求是,恪守信用。当工程建设发生风险灾害后,保险双方都要在尊重客观事实的基础上,重证据,重调查研究,对灾害事故进行客观分析、鉴定,明确造成灾害的原因、性质及责任,公平、公正、合理、完善并及时处理索赔工作。

此外，根据保险的补偿原则，保险双方在处理保险事故的赔偿过程中应注意掌握的一个重要原则就是"被保险人不可获利的原则"。不可获利原则的核心就是"恢复原状"，即保险人的赔偿责任仅是使被保险人工程受损情况恢复到出险前的状况，这种状况不能使受损标的状况好于保险事故发生前。因此，对于任何使工程变更、功能增加或改进的赔偿责任以外的额外费用均不在索赔之列。

根据保险合同规定处理索赔过程，从一定意义上讲是一个保险双方保持充分沟通和协商的过程。由于大型调水工程风险的多样性和复杂性，保险合同不可能将所有情况包括在内，因此在实践中往往会出现某些缺乏硬性规定的情况，从而引起合同双方的分歧和争议。对于索赔过程中出现的矛盾和问题，应当通过充分沟通和开诚布公协商解决。

第二节　工程保险索赔

一、工程保险索赔的主要内容

工程建设施工企业在受到风险灾害、事故或其他损害、损失时，按投保单向保险公司索取赔偿。同时，工程建设施工企业管理人员亦应在受灾或事故发生后，迅速提出索赔申请报告及相关资料。

以下是本书作者于 2006 年在国家重点工程"南水北调"中线干线某工段参建时期采用过的大型调水工程保险索赔的相关单证文件及资料，基本涵盖了大型调水工程有关保险索赔的主要内容，具有典型的大型调水工程投保特征，比较适宜在大型调水工程建设中参考借鉴。

(一)构成索赔的单证依据

构成工程保险索赔的单证依据见表 6-1。

(二)计算索赔金额的依据文件

计算索赔金额的依据文件见表 6-2。

表 6-1　构成工程保险索赔的单证依据

序号	单证名称	说明
1	《出险通知书》	事故发生时间、地点、过程、情况等说明
2	《索赔申请报告》	出险原因、经过、损失程度、施救情况，请求预付、赔付金额
3	反映工程事故受灾损失程度、范围、内容情况的实况照片或原始技术资料，描述在采取防灾及减损措施中增加周转使用费用的原始记录	详细的损失清单，因施救减损所增加的各项费用清单，需监理工程师签字
4	工程事故原因属保险责任的鉴定意见或支持性文件，检验工程损失程度的证明或支持性文件	材料、设备损失原因、损失程度的鉴定意见
5	说明事故发生前的工程形象、面貌，即工程进度及完工情况和支持性文件	工程验收单、工程付款申请表等施工图纸、技术规范、标准
6	根据不同的保险事故提供相对应部门的证明	如公安、消防、气象等
7	清理事故现场的方案，工程事故恢复方案	包括恢复、修复工程的施工图纸
8	损失涉及其他责任方时，出具权益转让书及相关追偿文件和诉讼材料	如有诉讼发生
9	造成第三者伤亡事故时，提供法院裁判或仲裁机构裁决出具的受益人证明	
10	发生保险责任的人员伤残或死亡事故时，提供相关部门出具的伤残证明、死亡证明、有关的费用凭据	如住院费、医药费、交通费、医药处方笺、误工费用证明等

序号	单证名称	说明
11	出具发生事故当时的现场按计划施工的证明	
12	出具请求赔偿的权益文件、赔款收据	

表 6-2　计算索赔金额的依据文件

序号	单证名称	说明
1	工程受损工程项目清单	包括损失量和单价简要
2	受损物资、设备,灭火或报废物品的清单	事故发生前的工程合同有关费用结算支付凭证或原始发票
3	应急施救费用增加清单	施救、减损措施中所增加的人工费、材料费、使用机械设备运行的台班费等各项费用
4	设备修复工程量清单,设备重置价值报价单	重置设备合同
5	受损材料、物资、价值计算支持性文件	
6	工程事故现场清理费用预算,包括加班、赶工、夜班费用以及整理现场、拆除杂什物、排水费等	需监理工程师签字
7	受损工程恢复、加固方案预算,包括工程量、工程单价	工程监理确认的恢复工程清单(如工程量、运输、材料、预算等)
8	恢复工程或重置设备过程中杂费预算	如运输、吊装、附属材料等费用
9	恢复受损工程的各项专业技术费用预算	

（三）工程保险索赔事故调查期间的检查范围

工程保险索赔事故调查期间的检查范围见表6-3。

表6-3　工程保险索赔事故调查期间的检查范围

序号	单证名称	说明
1	施工进度计划及实际进度情况，施工组织设计	含设计变更，需监理工程师签字
2	工程施工记录、施工日志、施工任务单、备忘录	
3	工程检查验收报告	需监理工程师签字
4	施工质量检查记录	需监理工程师签字
5	施工设备运行台班记录	
6	施工材料进场验收记录	需监理工程师签字
7	施工设备进场记录	
8	施工材料使用记录	
9	设备种类、型号	
10	施工平面布置，施工图纸	

二、工程保险索赔操作流程

工程保险索赔操作流程见表6-4。

表6-4　工程保险索赔操作流程

序号	流程	说明
1	发生危险或出险	①紧急施救减损（施救费用不得超过被救财产的25%）；②保护事故现场（或保留照片）；③被保险人填写出险通知
2	及时通知出险	被保险人及时传真通知保险人
3	书面报案	①被保险人72小时内向保险人发出正式《出险通知书》；②被保险人提交《索赔申请报告》（出险经过、原因、损失程度、施救情况，请求预付、赔付金额）

序号	流程	说明
4	接受报案	①保险人1小时内书面回复是否前往现场查勘;②保险人2小时内到达现场提供理赔服务
5	现场查勘	①保险人调查事故发生时间和经过,拍摄受损实情照片,了解事故原因;②记录、清点各项损失、施救减损费用;③调查损失范围、程度、事故性质;④了解受损工程修复处理方案
6	受理赔案	①审查《索赔申请报告》;②对索赔文件提出审核意见;③公估理算人提交《公估理算工作计划日程表》(3个工作日内)
7	判定责任	①检查被保险人责任义务的履行;②审核、分析现场查勘证据;③分析致损原因,鉴定受损程度;④查明、推定事故发生前工程原状;⑤判定保险合同责任范围;⑥确定《受损工程恢复方案》;⑦书面通知拒赔(若认为不属于保险赔偿责任,收到索赔证明材料之日起30个工作日内,应出具书面拒绝赔偿通知书并载明拒赔依据)
8	50%预付款	保险人书面确定预付赔款时间、金额(5个工作日内,就预付时间、金额书面通知被保险人)
9	损失价值估算	①核定预估现场清理残骸、杂什物费用;②预估事故施救减损费用(人工费、投入机械使用费、台班费、运输费等);③核定各项受损工程量及单价;④审查《受损工程恢复方案》预算;⑤提出残损财产处理建议
10	出具理算报告	①公估理算人提出《初步理算报告》;②提出《阶段单项理算报告》;③提出《正式理算报告》
11	理赔审查	①保险人核算《公估理算报告》;②审核索赔人保险权益、财务单证;③核实事故是否属于保险合同的责任;④查证索赔单证法律文件是否成立;⑤出具上述审查、审核的书面意见(10个工作日内完成理赔审查)
12	支付赔款	①支付达成一致赔款(包括部分达成一致的赔款);②支付理算费、诉讼费;③支付预付赔款的差额

三、工程保险索赔的费用计算

工程施工企业在进行工程保险索赔时,应将各种单项索赔加以分类和归纳整理,计算索赔数额,提出索赔要求。

大型调水工程保险索赔一般由以下费用组成。

（一）抢险加固费用

（1）人工费。主要是对受损工程进行抢险加固所用人工,该部分用工数量需经监理工程师签证。

（2）机械台班费。主要是对受损工程进行抢险加固所用机械台班,该部分机械台班使用数量需经监理工程师签证。

（3）抢险加固材料费。主要是对受损工程进行抢险加固所用材料,该部分材料数量需经监理工程师签证。

（二）灾后清理现场的费用

（1）人工费。主要是灾后清理施工现场以利于恢复生产所用人工,该部分用工数量需经监理工程师签证。

（2）机械台班费。主要是灾后清理施工现场以利于恢复生产所用机械台班,该部分台班使用数量需经监理工程师签证。

（三）工程修复费用

主要是对临时工程、临时道路、围堰、基坑、便桥、路基滑坡等修复,一般按实际发生的人、料、机费用加一定的管理费予以计算,该部分费用需经监理工程师签证。

（四）工程设备修复费用

主要是对因发生事故造成设备损坏的修理等,一般按实际发生的人、料、机费用加一定的管理费予以计算,该部分费用需经监理工程师签证。

（五）报废设备重置费用

经鉴定报废的工程设备的重置所需的费用,一般要考虑报废的工程设备在受灾前的运行情况、使用年限等。报废的工程设备损废程度应由技术质量监督单位出具证明。

（六）受损材料重置费用

经监理工程师确认的受灾损失的到场材料的费用。

（七）灾害造成的工程质量事故的返工费用

一般按工程量清单单价,结合事故处理方案和工程量,计算该部分费用。工程质量事故处理方案由设计单位或工程质量监督单位书面正式通知。

四、关于处理工程保险索赔的几点建议

（1）在处理工程保险索赔过程中,由监理工程师签证的现场资料一般均作为保险公司最终确认资料,因此保险公司派员到现场勘察时,往往会主动与监理工程师联系沟通,详细了解工程施工进度和工程质量情况,以便为开展理赔工作收集佐证。可见,在施工过程中,施工企业合同管理人员加强风险防范意识,经常深入工程实际,掌握施工实情,对已完分部、分项工程及时签证,就显得十分重要。

（2）在灾害发生后的工程质量鉴定、设备受损程度鉴定及提出处理方案和在确定处理方案过程中,施工企业应要求业主或监理工程师主持,同时要求业主邀请设计、工程质量监督、技术质量监督等单位的有关专家参加。对存在的工程质量问题,一定要采取措施予以处理,不能因为工期紧或其他原因而放过,不留整体工程质量隐患。对经鉴定不能使用的设备,施工企业要根据监理工程师的要求清退出场,不留安全隐患。

（3）企业在调查受损情况时,应邀请业主、监理工程师参加,以让他们了解清楚具体损失情况,为计算影响工期、合理调整工期做准备,同时为监理工程师合理签证创造条件。

（4）在提出索赔要求时,要坚持实事求是的原则,合理地提出索赔要求。计算保险索赔费用时,一般不计算计划利润和税金。对材料的周转使用,要按有关规定计算。

第七章　结论与展望

众所周知,我国是一个贫水国,人均水资源量仅为 2 011 m^3,只有世界人均水平的28%,且时空分布不均。随着我国改革开放和经济社会的发展,水资源需求量不断增大,水污染治理任重道远,水资源的供需矛盾更加突出。正因为如此,我国近些年来调水工程建设项目不断增加,而在调水工程实施中,尤其是大型调水工程,由于各种工程风险的困扰,工程保险措施日益受到政府、工程主管部门和企业界的重视。在大型调水工程保险实施中,工程保险费率的确定是保险双方关注的焦点。由于我国对工程保险的理论研究起步较晚,缺乏工程保险管理经验,往往在确定工程保险费率时随意性很大,不进行或仅粗略地进行工程风险评估,形成了多收保险费则影响被保险人的积极性,少收保险费则影响保险人的经营管理,不利于工程保险市场健康发展的尴尬局面。为合理确定大型调水工程保险费率,本书在对大型调水工程风险识别的基础上,将层次分析法(AHP法)应用于工程风险的评估,并在比较我国目前采用的工程保险费率确定方法优缺点的基础上,提出了较为合理的大型调水工程保险费率的计算公式,既考虑了类似工程保险的历史赔付率或损失率,又考虑了具体工程项目特有风险的大小,试图为大型调水工程风险识别、评估和工程保险费率的合理确定提出一种新思路和新途径。

一、结论

(1)工程保险是国际工程界处理工程风险应用最普遍、最有效的措施之一。我国工程保险的理论研究和工程保险市场的发展与世界发达国家相比差距较大,加入 WTO 后10余年来,中国工程保险市场的竞争已逐步加剧,在我国大力推行工程保险制度,加强工程保险研究已势在必行。对于大型调水工程建设,由于存在着大量复杂多变的工程风险,实施工程保险是改变我国目前某些工程存在的投资失控、确保工程如期正常发挥投资效益的重要措施之一。

(2)本书通过大型调水工程风险识别和分析,可以看出大型调水工程是一个多种水工建筑物沿输水线路分布的群体工程项目,工程风险的复杂性显而易见,不同的工程项目之间存在着较大的风险差别:工程建设者不同,规模和结构不同,工程场地条件差别更大。因此,在确定其保险费率时,应进行具体工程的风险评估,根据风险大小来合理确定保险费率。

(3)本书按照工程风险因素特征和研究风险评估的目的,首次提出了将大型调水工程风险划分为三类,即人为差错风险、项目区域性风险和项目局域性风险,并在此基础上将项目局域性风险中与建筑结构本身有关的结构风险引入建筑结构易损性概念,采用更易于评判的客观因素进行风险评估。该三类工程风险分类法是进行大型调水工程风险评估,进而合理确定工程保险费率的基础。在进行工程项目的风险识别时,应注意抓主要风险及其主要风险因素。对于区域性风险和局域性风险,其概念是很清楚的,但是在遇到特殊情况且难以界定其归属时,应由风险因素对工程影响的普遍性来确定。

(4)本书采用基于层次分析法的大型调水工程风险评估方法,在确定风险因素判断矩阵时,给出了人为差错风险评估因素的风险等级标准,该标准具有一定的普遍性,但对于规模和结构特征差别很大的工程来讲,应重新判断、区别对待。为提高风险评估的准确性,拟邀同专业 3~4 位专家,进行独立评判,然后综合他们的意见,减少个人主观倾向引起的偏差。

(5)本书提出的以考虑工程地理位置和特征、工程建筑结构易损性大小所确定的工程保险基本费率为基础,依据工程项目实际风险评估的结果,来调整大型调水工程保险费率的方法中,独立、充分地考虑了人为差错风险,这是一个创新,既有利于更合理地评价大型调水工程实施中的实际风险的大小,又有利于鼓励工程建设企业自觉提高社会信誉和工程管理水平,减少工程保险费用支出,达到防灾减损、确保工程顺利实施的目标。

（6）通过实际工程的案例分析，验证了本书提出的应用大型调水工程风险评估确定工程保险费率方法的可操作性。由于大型调水工程建筑物几乎包括了所有的水利工程建筑物（除水电站等），本书的研究成果可直接推行运用到水利工程项目的实践中，尤其适用于正在建设中的我国堪称世界之最的"南水北调"工程中，对于加强工程风险管理，确保工程投资效益如期正常发挥，具有重要意义。

（7）本书所研究的成果，同时适用于保险公司对大型调水工程保险方案的核保和工程保险中介咨询机构参考。

（8）为了帮助大型调水工程参保施工企业一旦遭受自然灾害或意外事故造成经济损失时，能够顺利按照保险合同规定，通过索赔程序获得经济赔偿，从而减轻或转移工程风险灾害造成的经济损失，确保工程建设目标顺利实现，本书对保险索赔有关内容作了重点介绍，并具有可操作性，以利于参保施工企业在处理保险索赔时参考应用。

二、展望

工程风险与工程保险研究是多学科交叉的边缘学科，需要复合性知识结构，一方面要有工程技术理论和工程建设实践经验，另一方面要具备金融保险理论和数学基础，并要求具有经济市场观念。大型调水工程风险管理更是一个复杂的系统工程，由于受时间、条件和研究目的等方面的局限，本书尚存在一些不足，需要作进一步探讨：

（1）本书对项目区域性风险评估与保险费率的数量关系论述较少。区域性风险以自然灾害为主，自然灾害的风险模型及其评价方法在我国已取得了一定的效果。如地震烈度分区图、防洪标准分区图和洪水风险分区图，以及台风、泥石流等自然灾害的预测预报都有一定的发展，在以后的研究中，可以应用现有的自然灾害风险研究成果，将多种自然灾害统一转化为工程项目区域性风险保险费率参数，为区域性风险保险费率的确定提供可靠基础。

（2）本书采用的风险分类方法是为了确定工程保险费率而进行风险评估的风险分类方法。由于受篇幅和时间的限制，只给出了应用层次分析法粗略评价整个工程项目风险等级的方法，没能对工程项目的三类风险的风险量度确定一个统一量度标准,以便对整个工程项目风险给出一个比较准确的综合评价,这是有待今后进一步研究的重要内容之一。

(3)工程保险费率与免赔额及巨灾风险的赔偿限额关系密切。保险赔偿限额是鼓励投保人或被保险人积极参与防灾减损和减少保险人风险的重要措施之一,并能够为被保险市场所接受,在工程保险实践中被广泛应用。本书只对此进行了较粗略论述,有待今后作进一步的讨论。两者之间的关系主要应通过工程项目的损失分布来确定,需要大量的统计数据,并进行数理统计分析,进而确定不同免赔额与工程损失概率分布之间的数量关系。

(4)本书在工程保险费率确定中,采用了建筑结构的"易损性"的概念,对于非工程技术专业人员来讲,是比较抽象的概念,在以后的研究中,有必要以列表方式来定义结构的"易损性"评价标准,以方便应用于工程保险的核保和保险中介咨询机构。

参 考 文 献

[1] 中国科学技术协会学会工作部. 中国减轻自然灾害研究[M]. 北京:中国科学技术出版社,1990.

[2] 李常升. 水利水电工程质量监控与通病防治[M]. 北京:中国环境科学出版社,1993.

[3] 杨梅英. 风险管理与保险原理[M]. 北京:北京航空航天大学出版社,1994.

[4] 马永伟,施岳群. 当代中国保险[M]. 北京:当代中国出版社,1996.

[5] 国际咨询工程师联合会,中国工程咨询协会. 风险管理手册[M]. 北京:中国计划出版社,1997.

[6] 中国统计年鉴2001[M]. 北京:中国统计出版社,2001.

[7] 杜新华. 买保险已成为百姓重要理财手段[N]. 顺德报,2003-02-05.

[8] Robert V H099 stuart A Klugmom. 损失分布[M]. 罗雨. 编译. 天津:南开大学出版社,1995.

[9] S Teve,J Simister. Usage and Benefit of Project Risk Analysis and Management [J]. Int. J. Project Management.

[10] C B chapman. Large Engineering Project Risk Analysis[J]. IEEE Transaction on Engineering Management,1979,8(3).

[11] 朱世昌. 工程保险[M]. 长沙:湖南教育出版社,1993.

[12] 黄山. 国外住宅实施质量保证保险[N]. 广东建设报,2003-01-30.

[13] 孟宪海. 国际工程保险制度研究借鉴[J]. 建筑经济,2000(8).

[14] 葛全胜,彭桂堂. 自然灾害[M]. 广州:广东教育出版社,1999.

[15] 期蒂芬·P·罗宾斯. 管理学[M]. 北京:中国人民大学出版社,1997.

[16] 汪元辉. 安全系统工程[M]. 天津:天津大学出版社,1999.

[17] B S 迪隆. 人的可靠性[M]. 牟致忠,谢秀理. 译. 上海:上海科学技术出版社,1990.

[18] 宋国华. 保险大辞典[M]. 沈阳:辽宁人民出版社,1989.

[19] 管树华. 开拓工程保险[J]. 中国保险,2001(7).

[20] 国际咨询工程师联合会,中国工程咨询协会. 职业责任保险入门[M]. 北京:中国计划出版社,2001.

[21] 国际咨询工程师联合会(FIDIC). 大型土木工程项目保险[M]. 中国工程咨询协会. 编译. 北京:中国计划出版社,2001.

［22］John Rafter. Risk Analysis in Project Management［J］. Wily，New York，1994.

［23］C A Williams Jr，R M Heins. Risk Management and Insurance［M］. New York：McGraw-Hill，1985.

［24］A Friedlander. Assessing Fire Loss Potontiols［J］. Risk Management，1977（10）.

［25］宋明哲. 风险管理［M］. 台北：中华企业管理发展中心，1984.

［26］陈春来. 工程保险运行机制的研究［D］. 杭州：浙江大学，2002.

［27］雷胜强. 国际工程风险管理与保险［M］. 北京：中国建筑工业出版社，1996.

［28］K 尼尔. 国际工程项目管理综述［M］. 秦川，王世文，译. 北京：中国水利水电出版社，1996.

［29］钱颂迪. 运筹学［M］. 北京：清华大学出版社，1990.

［30］乔林. 建筑工程施工风险与保险［M］. 上海：上海科学技术文献出版社，1998.

［31］李丽. 工程项目全面风险管理的理论与方法研究［D］. 北京：北京工业大学，2002.

［32］吴本南. "吐乌大"工程保险的经验教训［J］. 中国保险，1998（5）.

［33］尹志军. 我国工程项目风险管理进展研究［J］. 基建优化，2002（4）.

［34］黄金枝. 现代工程建设项目管理模式的抗风险和高效益研究［J］. 技术经济与管理研究，2002（5）.

［35］史欣欣. 风险分析与风险管理在工程保险中的应用研究［D］. 天津：天津大学，1999.

［36］水利部，国家电力和国家工商行政管理局. GF—2000—0208 水利水电土建工程施工合同条件［S］. 北京：中国水利水电出版社，中国电力出版社，2000.

［37］杨光煦. 堤坝及其施工关键技术研究与实践［M］. 北京：中国水利水电出版社，2000.

［38］范智杰，刘玲. 工程保险合同管理索赔中应注意的问题［J］. 公路，2000（3）.